2023年1月5日無事に？　100万キロ達成！
香川日産さんよりお祝いの看板と感謝状が贈られた

1997年製造日産「Y33セドリック・ブロアム」。平成のクルマなのに、
ネオクラシックに位置付けられているのがショック

297

クルマ選びはこの通り屋根に立つことができるかできないかで決める。
強烈なインパクトを放ちながらで絶妙な高さで撮影、鉄道写真の名作を撮り続けてきた

北海道・旧増毛駅にて。同じ場所でCM撮影された
三菱「ギャランシグマ」と高倉健さんのポスターを再現！

冬将軍での撮影も出動するが、FR（フロントエンジン・後輪駆動）であるため、
雪での走行がこのクルマの弱点でもある。チェーン・スコップは常備

真っ赤に燃える夕日に照らされる日高本線勇払駅。多いときは年に数回、
鉄道写真の撮影のために北海道の大地も走り、距離を延ばす

讃岐の三角山をバックに“ことでん”を撮影。歳を重ねる度にトランクから屋根に上がる
私の跳力に衰えが否めなくなった。いつまで登ることができるのか……

撮影の待ち時間……。時にはトランクで、こんなスタイルでウトウトすることも！
それにしても、エライところを撮られたものだ！！

日本海に沈む夕陽に浮かぶ「Cedric」のエンブレム。
私の好きなカットの一枚だが、一時なくなったことも

これが999,999km メーターあと1km 走るとどうなるのか？
香川日産2023年初売りの日に固唾をのんで見守った……

2023年12月、NHK 松山放送局のニュースロケで揃った夢のコラボ。
あの刑事ドラマ「西部警察」のワンシーンを再現させたことで大反響を呼んだ

STATION

ＪＲ四国マスコットキャラクター駅舎妖精の「すまいるえきちゃん」とのコラボ。
公式 Twitter（現・X）に掲載され、バズった

100万キロを走ってくれたエンジンとの別れ

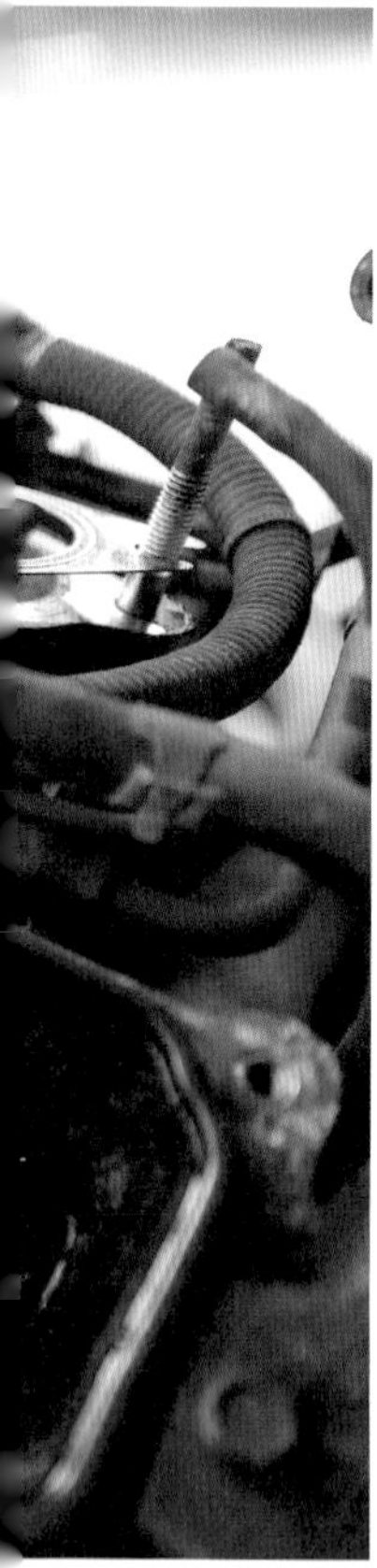

走行距離102万 km というワンエンジンでの大記録を
残して初代エンジンはその使命を終えた。お疲れ様……

カバーを外すと、あまりにも美しい姿を保っていたカムシャフト。
これには日産の整備士も驚いたという

2023年4月20日、100万kmエンジンがとうとう車体から降ろされた。愛おしそうに眺める坪内。「もうちょっと一緒に走りたかった」と嘆かざるをえなかった……

100万キロエンジンは日産で分解されて、検証がなされた

写真提供／香川日産自動車

分解検査前のエンジン前側。オーバーホールも一度も行ったことがなく、16年で102万 km を走破した

エンジン左側。エンジン下部、オイルパン辺り
からのオイル漏れが70万 km 達成後に発生し
たこともあった

エンジン右側。エキゾーストマニホールドの遮熱版カバーに錆が発生していたのと、細かい亀裂が数カ所見つかった

エンジン後ろ側。前人未到のワンエンジン
100万 km に解体検査の際、V 型6気筒の VQ
エンジン開発者も同席したという

右側のヘッドを取り外し前の状態。普通なら、ヘドロや
錆などがこびり付いているが、比較的綺麗だったという

100万km走破エンジンの致命傷となったのが、6番ピストンだった。
冠面が飛び出してしまい、天井を叩いていたという

6番のピストンスカート。かなりすり減っていることがわかる。
これによりパワーが抜けてしまっていた

クランクシャフト。その状態の良さに感心したという。
当然のことだが、一度も替えたことがない

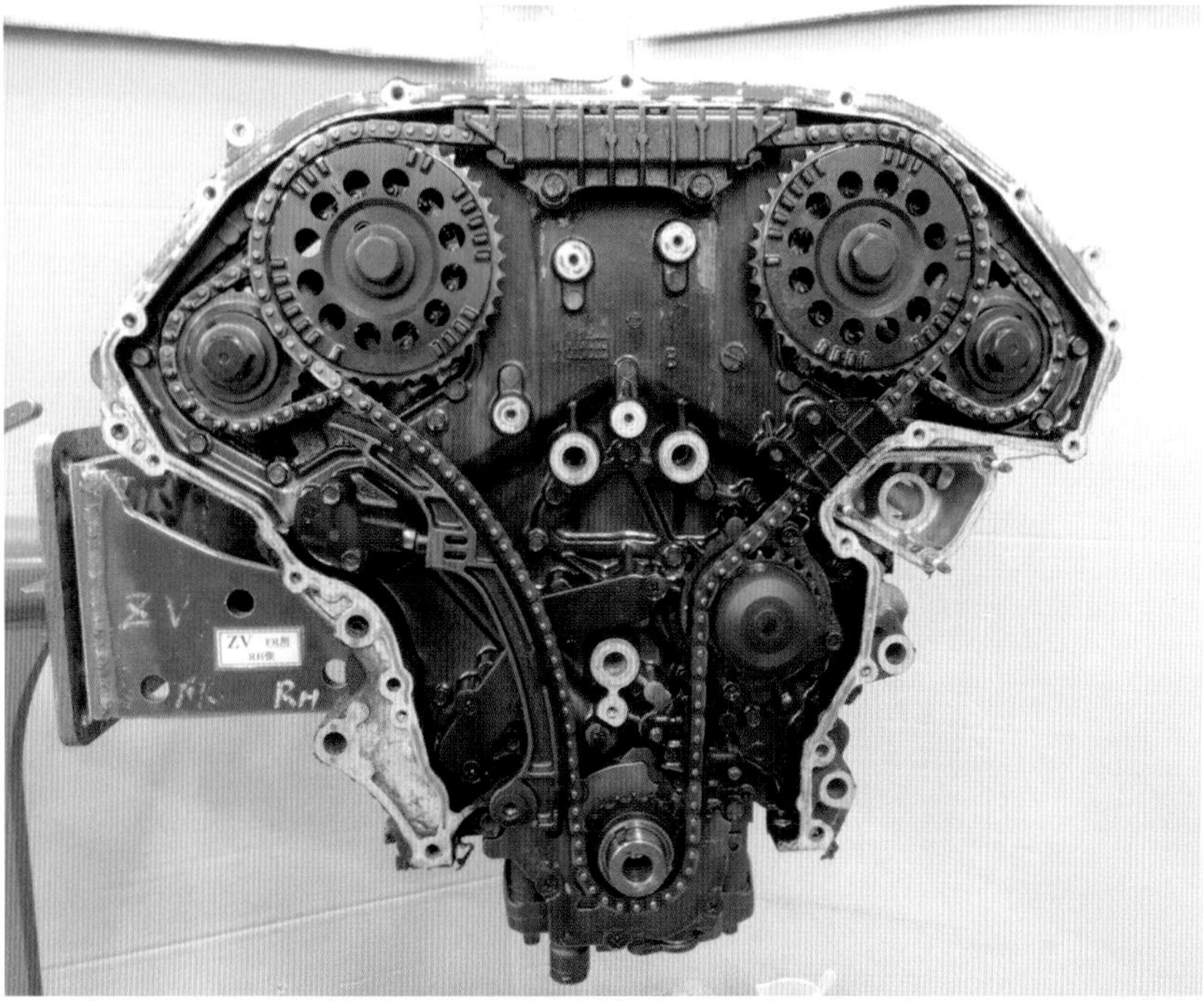

この車種からタイミングチェーンに変更された。ベルトと違い取り換えの必要がなくなったことが、長持ちした一因と言える

チェーンセカンダリテンショナー。チェーンの下半分の色が変わっているのが分かる

チェーンセカンダリテンショナー。本来ここにプラスチック製のカバーが付いていたらしいが破砕されていた

チェーンセカンダリテンショナー断面。ここまで削れているのは見たことがないという

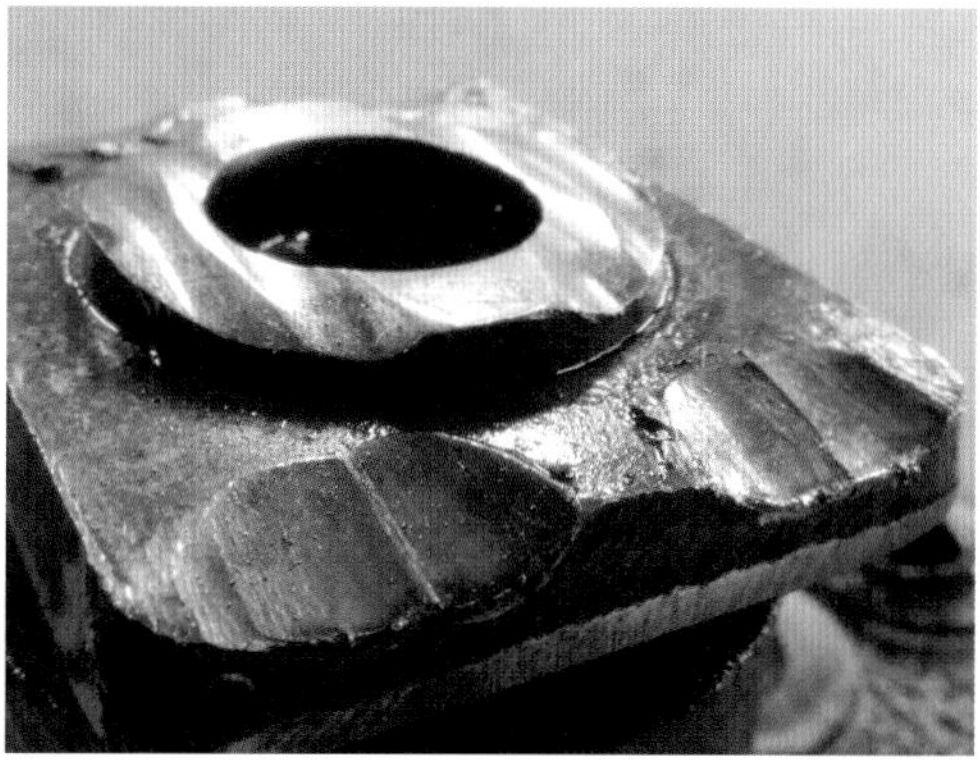

チェーンガイトのアップ。ここもチェーンで削れており、その遊びでチェーンが暴れていた

スパークプラグ。毎回車検の際に取り換えており、
これは2022年7月からつけていたもの

一同が驚いたというアイドラプーリー。本来ここには
溝がないという。このエンジンがこの耐久性を証明した

100万キロ走ったセドリック

坪内政美

天夢人
Temjin

Contents

はじめに

わたくし、生まれも育ちも、うどんの国(四国・香川県)在住の、「スーツの鉄道カメラマン」「どつぼ」こと、つぼうちまさみです。この度は、『100万キロを走ったセドリック』を手にとっていただき、本当にありがとうございます。

今、私は縁あって愛車・日産セドリック1997年式に乗っているのですが、2023年1月に走行距離100万kmを達成し、ちょっとだけ、世間様を騒がせてしまいました。

「あのー、100万キロ走ったクルマですよね!」その認知度は絶大で、全国各地の駅前や鉄道撮影地をはじめガソリンスタンド、パーキングやサービスエリア、はたまた走行中にと、様々な場所でお声をかけていただける様になりました。

そこでよく、「なんで、いつもスーツでしかも、セダンなのですか?」と聞かれることが多いので、ネタバレ覚悟で言いますと、高校を卒業してすぐの10年間は森林関係のサラリーマンだったのでそのときの習慣と、ライフワークである「鉄道」に敬意と取材時への配慮……といったところですが、その根底には、根っからの刑事ドラマ好きがあります。幼稚園では「大都会」、その後小学5年間はどっぷり「西部警察」そして中学に入ると「あぶない刑事」とアクション刑事ドラマをこよなく見続けた結果が今のこのスタイルに繋がっています。つまり、渡哲也さまと舘ひろしさま・柴田恭平さまのスタイル・たち振る舞いと、カーアクションの代名詞というべき〝日産車〟がそのまま影響して、今年50歳になる、いまの私を造っているのです。

さて、この100万kmといえば、この地球を約25周分走ったことになるそうで、その距離を16年で、しかもエンジンの載せ替えやオーバーホールを一度もすることなく、ワンエンジンで日本国内を鉄道のあるところ、縦横無尽に走り廻ってしまいました。改めて日本車、とくに〝技術の日産〟は凄い！つくづくそう感じます。

この本は、そんなクルマの未曽有ともいえる大記録に秘めた物語を綴ったものです、読んでしまうと、人とクルマとの付き合い方が変わるかもしれません。

それでよろしかったら、あとをお読みください。

もう引き返せなくなります。

つぼうちまさみ

これが100万キロ走ったセドリック

ボディカラーはセドリック・ネイビー

国鉄時代、蒸気機関車のデフレクターに輝いていたスワローマークが目印

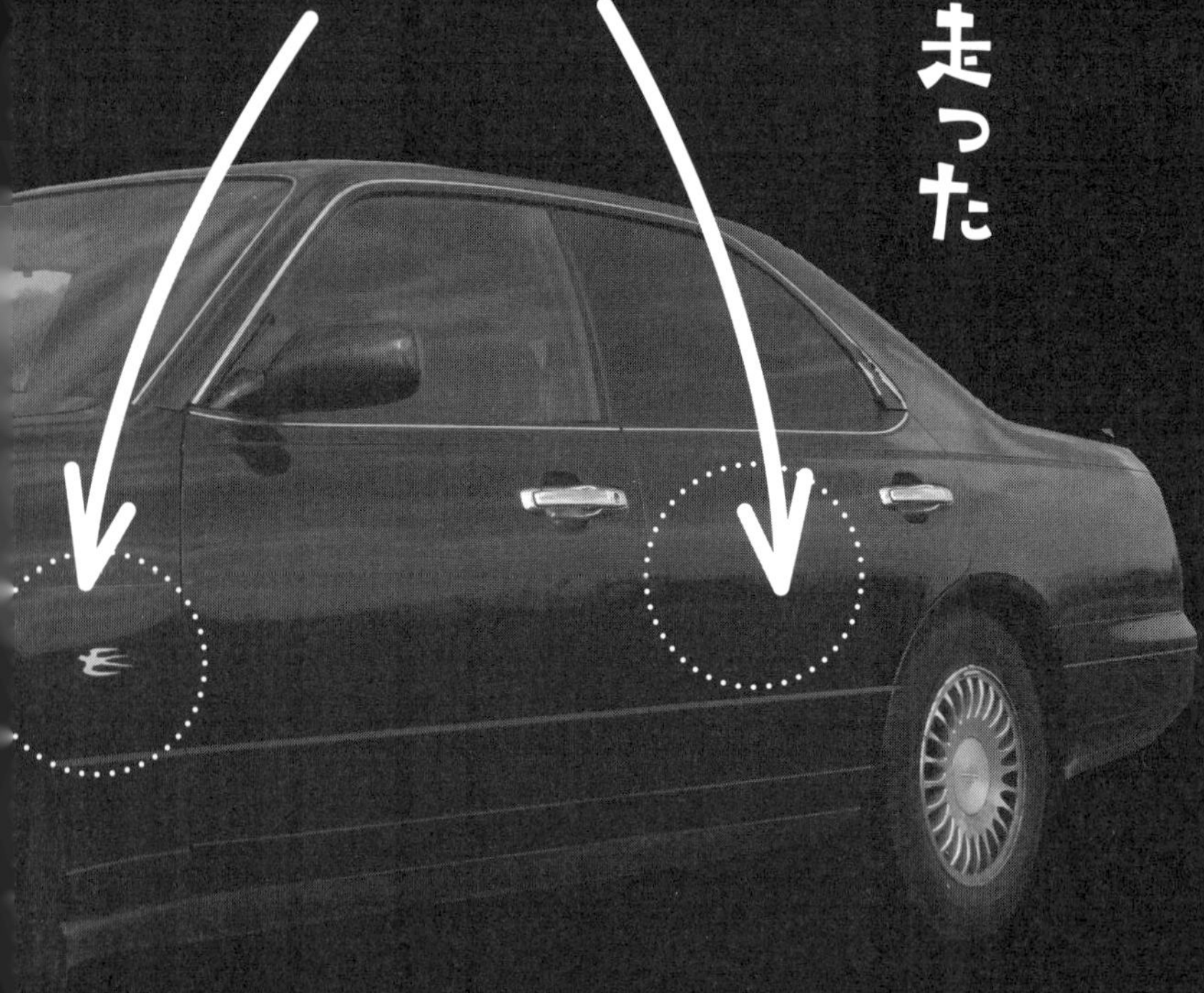

セドリックのオーナー
坪内政美
いつもスーツ姿で撮影する
異色の鉄道カメラマン

一時は盗難に遭い紛失していたものの
無事に復活した
ボンネットマスコット

走行記念
㊗1,000,000㎞
Cedric
2023.01.05

第1章

100万キロを超えた日のこと

総走行距離95万キロ　香川にて

２０２２（令和４）年2月19日20時10分。あと5万キロで１００万キロ！２０２2年の内に達成なるか？　いよいよ現実味を帯びてきたが、一つ困ったことが……。このセドリックの総走行距離を表すＯＤＯメーター、カウントはしているもののデジタル表示が薄くなったり、または表示しなくなるトラブルが頻発していたのだ。95万キロの時は、たまたまクルマの機嫌がよかったため表示してくれたが、８のゾロ目である８８８８８８キロなど肝心な時に表示されないこともあった。すぐさまいつも整備をお願いしている香川日産・ナカシマさんに相談するものの、修理すると最悪の場合、リセット処理されてメーターが「0」になる可能性もあるというのだ。このまま運に任せての現状維持か、博打を打って修理に踏み切るか。ここに来て悩ましい状況に陥ってしまった。

80
100
60
120
km/h
40
140
F
20
160
D
0
180
ODO 950000

なぜか総走行距離10万キロを達成!?　香川にて

2022年5月24日、突然走行距離が10万キロに若返った。散々迷った挙句、96万キロ目前でメーターの修理を決断したのだ。というのも不具合はODOメーターだけではなかったのだ。このほかに1週間前からスピードメーター、タコメーター、ガソリンメーターの針が動かなくなっていた。速度は路上の白線の流れ方でおおよその見当はついたものの、いったい今何キロで走っているのか、ガソリン残量がどのぐらいなのかが分からなくなっていたのだ。修理には約1カ月半。ゴッソリ計器パネルごと抜かれて4月にメーカー送りとなった。

だが、計器パネルを受け取ったメーカーから、すぐに香川日産へ問い合わせがきたという!

「お預かりしたODOメーター確かに壊れてますね。距離が95万キロ越えになってます! これ、リセットしますか?」

というものだった。応対したナカシマさんがこのメーターが実際に記録された正しい距離であること、100万キロをめざしていることなど、事情を説明してくれたようで、メーカーも驚いていたそうだ。と同時に、「分かりました！　意地で直します！」と心強い言葉もいたという。それにしても危うくリセットされるところだった。

その間、私のセドリックには中古で取り寄せた8万8500キロ表示の代替メーターが取り付けられた。その結果、修理完了した5月24日に、この代替メーターがちょうど10万キロを達成！　以後、このメーターは予備部品として自宅で保存することとなったが、なんとこの間走った1万1500キロは結果ノーカウントに。コレはもったいなかった……。

80
100
60
120
km/h
40
140
20
160
0
180
100000
P
R
N
D
2
1
F

80
100
60
120
km/h
40
140
20
160
0
180
960000
P
R
N
D
2
1
F

ついに99万キロになった日　大分にて

２０２２年11月7日23時17分。九州・鹿児島からの取材帰り。翌日は愛媛県松山において、レギュラーであったラジオ番組への生出演が控えていた。しかもアノＮＨＫである。何事も遅れてはいけないが、とくに時間厳守である。時間に間に合わせるには大分県臼杵港から出港する深夜フェリーに乗る必要があった。毎度のことながら出港まで時間がない。嫌な予感がしつつも東九州自動車道を走行するが、その嫌な予感が当たってしまった。何気なしにメーターを見るとあと数キロで99万の大台に差し掛かるではないか！　しかもここは高速道路。といって一般道に降りる時間の余裕もない。こういう時の数キロはなんとまぁ短く感じる。過去、大台に差し掛かると大抵高速道路上でアタフタしているうちに数字を逃してしまうことが多々あった。

結局、後続車がいないことを確認して路肩に緊急停車。素早くメーターとナビの画面、窓からサイドの高速道路の距離表示「１８２・１㎞」を撮影してすぐ発進！　と慌ただしい99万キロ達成を果たした。

肝心のフェリーには、出航2分前に到着し無事に乗船。船内で缶コーヒー片手に撮影画面を見ながら総走行距離99万を祝った。

いよいよ迫る大台99万8000キロ　香川にて

2022年12月22日9時14分。ちょっと買い物にと向かった近所のドラッグストアでなんと99万8000キロを達成。まったく気を抜いていた。100万キロまであと2000キロに迫る。11月7日深夜、怒涛の99万キロ達成から1カ月半で8000キロを走行したことになる。

一体どこを走ったらこうなるのか？　帰宅すると無性に気になったので、この間のスケジュールを確認すると、岡山・京都・和歌山行きがそれぞれあったものの、その大半はなんと四国内をグルグル巡った結果だった。ちなみに北海道・稚内から鹿児島県・枕崎まで直線距離で約3000キロあるなか、一周約1200キロあるこの狭い四国内で、ほとんどの走行を叩き出したこの数字に、なんと効率の悪い走り方をしていたのだろうと、ひとり凹む。このままのペースで走れば、確実に年内には100万キロを迎えてしまうことに気づき、予定していた取材スケジュールを見直し再調整。乗り物酔い覚悟で鉄道移動できる取材や現地でレンタカー移動するなど、どうにか走行距離をこれ以上増やすことなく、２０２３（令和５）年１月前半に総走行距離１００万キロを達成できるように、距離調整を図ることを決意した。

ちなみに鉄道カメラマンという職業をしているが、大の乗り物酔いという困った体質をもっているのだ。とくに振り子式というカーブに対し速度を下げずに曲がることができる高性能な特急車両の揺れは、私にとって天敵である。

ついにきた99万9000キロ　高知にて

２022年12月29日15時53分。１00万キロまであと１000キロとなってしまった。場所は高知県ＪＲ土讃線土佐北川駅。なんと橋梁上にホームがある珍しい駅だ。駅チカグルメの取材で朝から香川・徳島、そして高知へとクルマを走らせる。うどんから始まり、まんじゅう、大福、そば、かつ丼……と食べ過ぎでお腹も限界を迎えていたときだった。

さて世間は昨日が仕事納め。かねてから計画していた１00万キロ達成について、香川日産・ナカシマさんには1月5日の初売りの日に合わせたいと相談。あと2キロ残しでクルマを入庫させて、ナカシマさんや工場の皆さんの立ち合いのもと敷地内にある検査用のローラーの上で１00万キロの瞬間を達成させる計画を告げた。もちろん達成の瞬間の動画撮影も同時に行いたかったので、慌ただしい年末より、新年初売りの日であれば工場も作業が落ち着いていてご迷惑をおかけしないのではと考えたのだ。

また、ODOメーターが100万を越えたときにどのような表示になるのか？ についてナカシマさんからメーカーに聞いてもらっていたが、「この手のセダンタイプでの前例がないので、見当がつかない。ただおそらく表示自体が消えるか、逆にデジタル表記のすべてが点灯する『8』になるのでは？」との回答だったという。はたして100万キロを超えた瞬間、メーターの表示はどうなるのか？ 数字のスペースは6桁までしかない。いよいよ楽しみになってきた。

残りわずかな99万9666キロ　徳島にて

2023年1月3日19時06分。徳島県の右端、阿佐海岸鉄道での撮影を終えての帰りに99万9666キロを達成。阿佐海岸鉄道は世界初のDMV(デュアル・モード・ビークル※軌道と道路ともに走ることのできる車両)を本格運行している鉄道会社で、ご縁あってポスターやきっぷデザインなどグッズの製作・監修を務めている。

道路でも走ることができるバス車両に装備された鉄道用車輪を出して線路でも走行できる営業用軌陸車。とても斬新な発想で、私のセドリックにも線路を走る装備をしたら楽しいだろうなぁと思ってしまった。

またこの日はアクシデントにも遭った。終着駅付近で単独事故を起こした男性を発見し頭部からの出血が認められたため、止血処置を行い、近くの救急病院へセドリックで搬送したのだ。あとは医師にまかせて私はそのまま帰宅したが、後日100万キロのニュースに映ったクルマで、この男性に私の正体がバレてしまうことに……。後日、鉄道会社を通じてお礼のお手紙をいただいたが、なにより軽傷で済んでよかった。

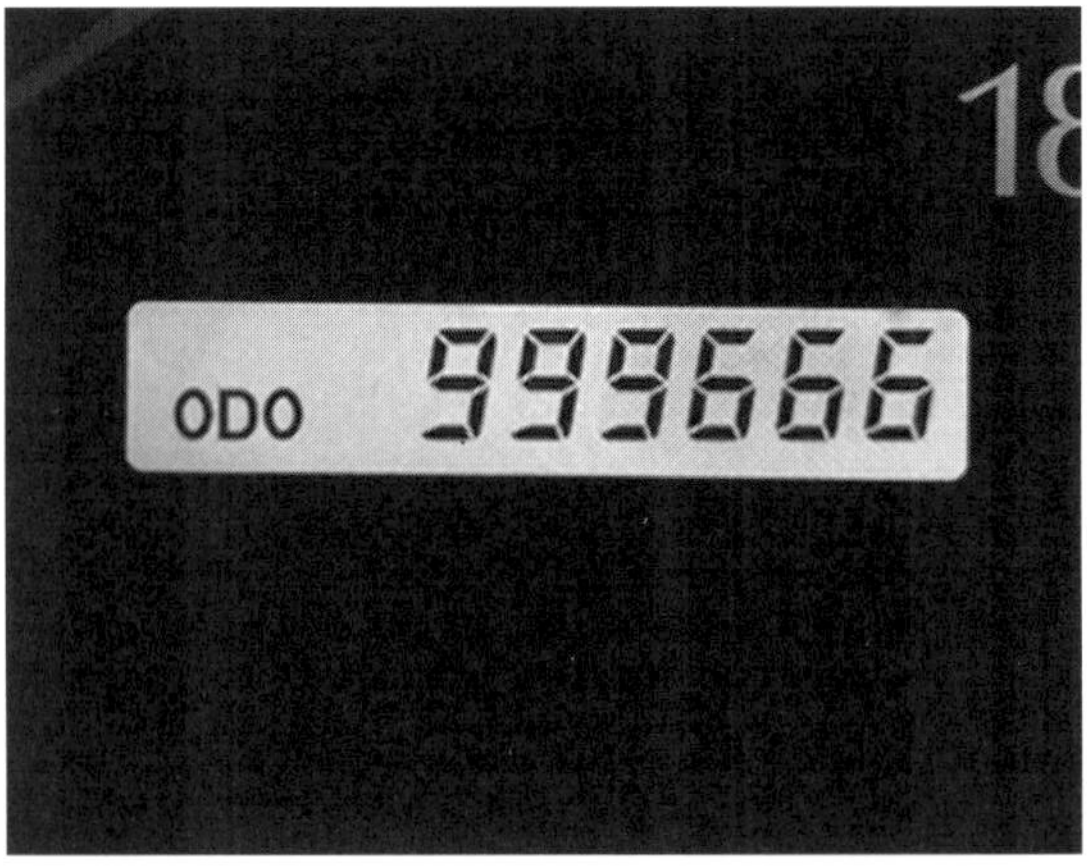

いよいよ99万9990キロ　香川にて

２０２３年１月４日19時40分。あと10キロと迫る。

この日は朝から新年の挨拶廻りを兼ねて香川県ほぼ一周を慣行。あまりにも慎重に距離を控えすぎた結果、明日までに２７０キロ余り走っていなければならなくなったからだ。高松から徳島県鳴門へ吉野川沿いに走り、阿波池田・大歩危と廻る。もちろん距離を確認しながらクルマを走らせた。夕方、愛媛県川之江市に到着。ガソリンの残量が心もとないので急遽ガソリンスタンドを探すことにしたが、お正月休みなのかこの日に限ってどこも開いていない。結局、市内をやみくもに走ってしまい、かなり離れたセルフスタンドで給油をして高速道で帰宅の途についた。

だがここでドンドン距離が延びる。自宅の最寄りである高松中央インター２キロ手前の段階で１００万キロ達成まであと15キロと迫っていた。香川日産工場での２キロ残しを考えると、このまま自宅に戻って明日、香川日産へまっすぐ走らせることができるのか。算数の苦手な私の頭の電卓では、ギリギリ3キロの余裕があると算出。でも間違っていたらという不安もあるので、このまま自宅に戻らず香川日産工場近くの駐車場で一夜を明かすことも考えたが、料金所ギリギリまで迷った挙句、過信をして進路を自宅がある左へ。ちなみに右に行くと香川日産だ。この時、自宅から香川日産工場まで7キロほどあると思って計算していた。「ま、3キロの余裕があるはずだから明日に備えて洗車をしておこう」と、さらに途中のスタンドのセルフ洗車に立ち寄る。この立ち寄りが後々窮地に追い込むこととなった。

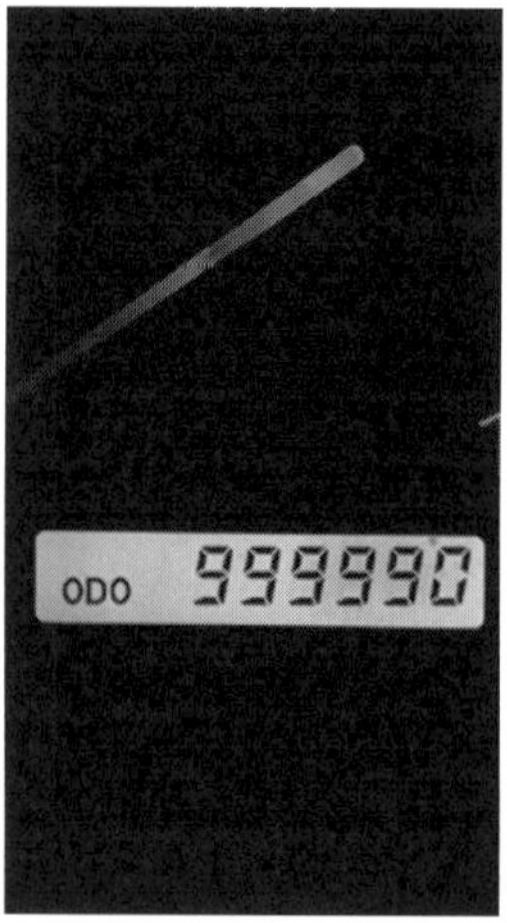

99万9992キロ　あと8キロの香川にて

２０２３年１月５日10時00分。99万９９９２キロは自宅車庫出発時の距離である。焦っていた。昨日、自宅に戻り改めてインターネットで自宅から香川日産の距離を測ると″8・２キロ″という恐ろしい数字が算出されたのだ。ヤバイ！　２キロ残しはおろか、香川日産に到着する前に１００万キロに到達してしまう。すぐさま地図上で近道がないか目を皿のようにしてルートを探したが、どうしても最短8キロが限界なのだ。あろうことか本日１００万キロ達成をニュースメディアにも伝えてしまっていて、すでにカメラスタッフをそろえて香川日産で待っている。とにかくナカシマさんに連絡を取ってみなければ！

新年の挨拶ソコソコにこれまでの顛末を打ち明けた。ナカシマさんは新年早々ヤレヤレと思ったに違いない。にもかかわらず、

「どちらまでお迎えに参りましょうか？」

と笑いながら言ってくれた。この日は新年初売りで数多くの納車が控えていた。

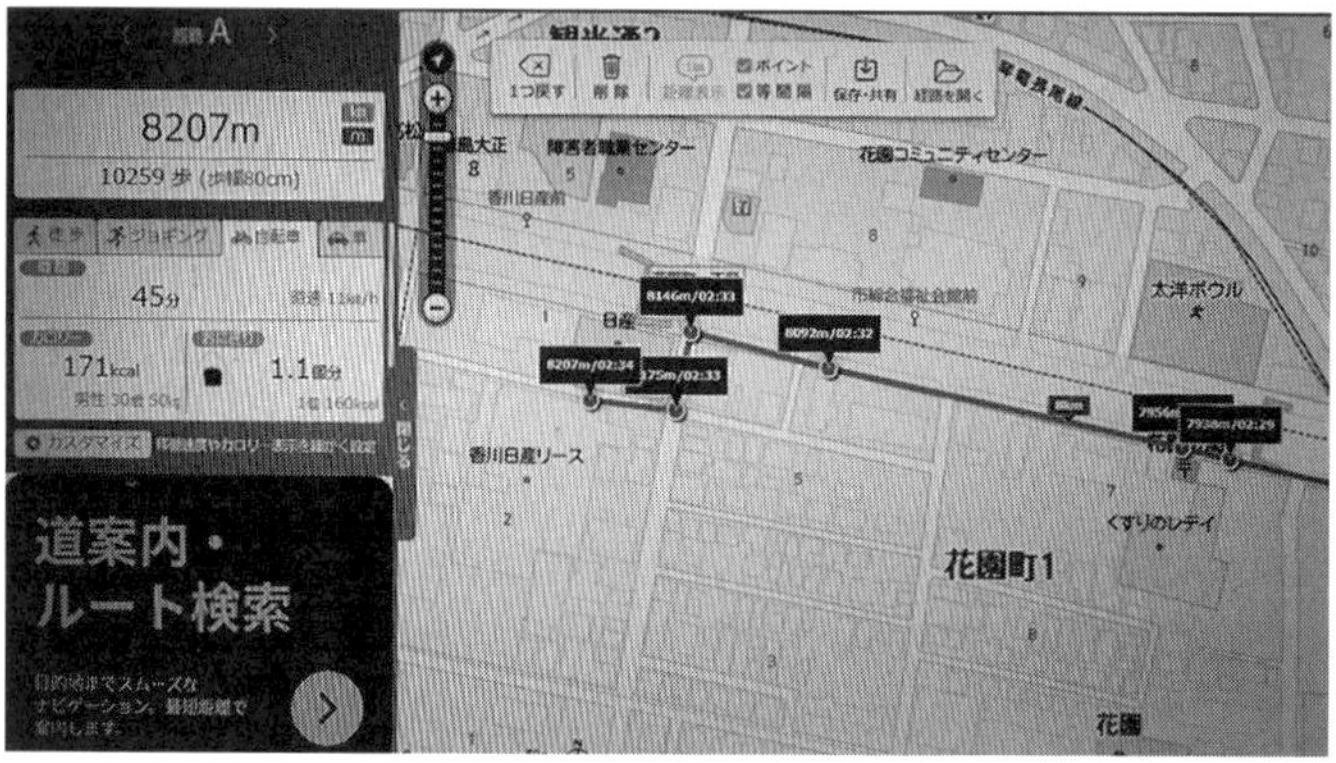

そのスケジュールの合間を縫って車載車を途中まで持ってきてくれるという。10時半に昨夜判断を間違えた高松中央インター脇にあるコンビニ駐車場で落ち合うことになった。

99万9997キロ　残り3キロの香川にて

2023年1月5日10時30分。コンビニ裏の駐車場にナカシマさん運転の日産車載車がやってきた。その姿はまさに救世主に見えた。ヤレヤレという顔をして降りてくるナカシマさんに、改めて新年のご挨拶をして早速積み込み。3キロ残しで香川日産工場へ入場。「朝日新聞さんら皆さんお待ちかねですよ」というナカシマさんの軽快なハンドルさばきで、そのまま無事入庫した。

待ち構えていた皆さんはまさか車載車での登場に驚いている。「まさか故障ですか！」と詰め寄られるが事の顛末を話すと笑われた。その間、車載車からクルマが降ろされ、自走で検査用のローラー上にセッティングされた。まずは98万キロまで走らせる。走っているのに前進しない不思議な感覚を体験しながらすぐに達成。助手席と後部座席に記者を乗せ、私が運転席でアクセルを踏む。いよいよだ。

20-33

香川300
20-33

99万9999キロ　香川日産のローラー上にて

2023年1月5日11時11分。「おぉっ、やったやった!」と思わず声を上げた。9のゾロ目となった瞬間だった。すぐに横にいたナカシマさんに報告。ナカシマさんは上層部を呼びに行く一方で、こちらは運転席に三脚を立て動画用のカメラと各社のカメラをセッティング、引き続き後部座席と助手席にも記者が乗り込む。

「いよいよですね」

とナカシマさんをはじめ香川日産取締役さんらも窓からのぞき込む。そして私が運転席のドアを開け、手でアクセルを押す。異様な光景が展開されていたに違いない。

「行きますよ!　皆さんよろしいですか」

と合図を出し、ゆっくりとアクセルを押す。速度計の針が20、30、40を指す。セドリックのエンジン音だけがあたりを包み込む。息を呑んで見守る。アクセル

180
ODO 999999

を押している私もドキドキしながらハンドルの隙間で見えるODOメーターを注視していた。

ついに100万0000キロ　みんな集まったローラー上にて

2023年1月5日11時19分?　あれから2分が経ち4分が経ち……。

一向に表示が変わらない。

数字は999999キロのままだ。

「あれ……?」

口々に声が漏れる。

「これ固定された?」

私がアクセルから手を放して微妙な顔つきをした皆の顔を見た。エンジン音がなくなり、徐々にタイヤの回転も遅くなる……。

「固定ですね」

「変わらないパターン！」

次々と声が掛かり一気に緊張感がとけ、笑いが巻き起こった。

なんとも何のためにここまで苦労したのやら。私は気が抜け座り込む。ネットの無料動画サイトでアップされていたセドリック以外の100万キロ達成車では、車種によって100万キロの表示で固定されるパターンやエラーで表示が消えたり、はたまた0になったりしていた車もあった。その一方で9のゾロ目で止まってしまったこの数字は、一番面白い結果に落ち着いたのではないか？　とにもかくにも間違いなくみんなの前で達成できたことはありがたかった。するとナカシマさんが
「坪内さんおめでとうございます！」

と手作りの記念看板をクルマの前に掲げてくれた。

「祝・走行距離1,000,000km達成」

これは不意を突かれてしまった。さらに「表彰しましょう、感謝状を用意してますので！」とクルマの前で表彰式が執り行われた。松本幸一香川日産自動車株

式会社取締役より100万キロ達成への感謝状が手渡される。予想だにしていなかった展開に照れくさいやら、びっくりするやら……、なにより、にこやかなナカシマさんの拍手が人一倍大きかったことが嬉しかった。

このセドリックのふるさとへ

香川日産を出発する。何度見てもODOメーターは9のゾロ目のまだ。幸いなことに一応トリップメーターは作動しているので、当分はその距離をメモすることになるが、それにしても誇らしい。さて、100万キロ達成してもう1カ所行く大切な場所があった。高松市内にある輸入車ディーラーで、このクルマを見つけてきてくれたいわば故郷みたいな存在の店だ。

100万キロ達成のご報告とお礼を言うために向かった。もう10年以上訪れていなかったので、ひょっとしたら忘れられているかもと思いつつ、店の前に横付けすると、「あらぁご無沙汰~」と社長ご夫妻が出迎えてくれた。セドリックですぐ分かったという。

実はこのセドリック、この店で購入したのだ。新車登録から9年で約3000キロしか走っていないこのセドリックのことを知った社長が名古屋から手に入れてくれた。その時のやり取りがあまりにも強烈だったためによく覚えて下さっているという。

早速、香川日産から頂戴した１００万キロ達成看板とともに記念撮影を行って、改めて近況を報告。セドリック談議に華が咲いた。

輸入車ディーラー「エクセレント」代表取締役四宮隆雄さん。オークションでこのセドリックを見つけたという

マンガにも登場した坪内セドリック

『新・駅弁ひとり旅』に登場してしまった

セドリックがマンガに登場したことがある。2016(平成28)年から連載が始まった『新・駅弁ひとり旅　～撮り鉄・菜々編～』にしっかりと描いてもらっているのだ。作画をはやせ淳さん、そして監修を鉄道ジャーナリストである櫻井寛さんが担当している。

事の始まりは走行距離95万キロを達成した頃、四国にお越しいただいた櫻井さんのご希望で徳島県の右端に位置する阿佐海岸鉄道へのアテンドをしたことだった。阿佐海岸鉄道では世界初となる軌陸両用鉄道車両DMV(デュアル・モード・ビークル)が本格営業運転を始めており、近く連載が始まる四国編に備えてマンガのストーリーのための取材だった。

その時、移動中の車内で「今度の回でこのクルマと坪内さんを出そうと思うんだ」と切り出された。その時は、まさかマンガになるとは思っていなかったが、いざ掲載された『漫画アクション』を拝見した時はあまりにもリアルに描かれていて衝撃でもあり嬉しかった。後から聞いた話だが、一番私を描くのが難しかったという。その後発刊された、単行本(第4巻四国編)にももちろん登場したままだ。

第2章

愛しきセドリック

なぜ、1997年式セドリックでなければダメなのか？

タイトルにはこう書いているが、別に1997年式セドリックにこだわってるわけではなく、もともとセダン好きが高じた結果である。これまでの愛車遍歴をたどると、最初に手に入れたクルマが22歳の時で、当時働いていた会社の関係で勧められたトヨタ「マークⅡ6代目X80型ハードトップ」で色は白。続いてパールホワイトだったのを無理やり黒に塗装変更したトヨタ「クレスタ3代目X80系」に乗り換えた。確か22万キロを乗り潰して、10年間務めたサラリーマンを辞めて今の職業である鉄道カメラマンに転身したのもこの頃。

28歳の時、念願だった日産車へ移り、「セドリック8代目Y32型3・0グランツーリスモ」、「グロリア10代目Y33型系グランツーリスモ」、そして現在のセドリックへと乗り継いだ。

どのクルマも新車ではなく、中古で手に入れたものだが、意識せずに自然と1990年代のクルマを選んでいる。この頃のクルマは現代のように、やたら

〝エコ〟だの〝ハイブリッド〟だの言っていなかった時代であり、何もかもが高級志向で〝無駄に〟という表現があっているかどうか分からないが、〝無駄に〟ナビゲーションシステムやオーディオが標準装備、座席にはヒーターが内蔵され、リモコンでエンジン始動を遠隔でできる機能まであった。

また鋼鉄製で車体フレームは頑丈に造られており、ボンネットやトランクも長く、私が理想とするクルマ＝セダンの形をしていた。

セドリック8代目 Y32型3.0
グランツーリスモ

グロリア10代目 Y33型系
グランツーリスモ

刑事ドラマにハマった青春

セダン、とくに日産車に乗る理由に、幼少の頃から見続けた刑事ドラマの影響を多分に受けている。私が地元・香川県高松市の幼稚園に通っていた1976(昭和51)年は、日本テレビ系列で放送されていた石原プロモーション制作のドラマ「大都会」Ⅰ・Ⅱ・Ⅲが放送されており、回を重ねていくうちにカーアクションが増えていくこのドラマにのめり込んでいった。

1979(昭和54)年になるとアノ伝説的な刑事ドラマ「西部警察」がテレビ朝日系列で始まり、出演していた石原裕次郎さん・渡哲也さんらの男のダンディズムとしての立ち振る舞いが、今のカーライフをはじめとした私自身における人格の基礎をつくりあげた。この「西部警察」も約5年にわたりⅠ・Ⅱ・Ⅲが放映されたが、どちらかというと「スーパーZ」や「スカイラインRS」軍団・「サファリ」といったスーパー特殊車両が出てこない初期となる「Ⅰ」での「230・330セドリック・グロリア」の黒パト・白パトがハチャメチャするアクションが好だった。最初はミニカーで遊んでいたが、次第に自分で作った雑なペーパークラフトで再現し始め、しまいには仲間を集めて自転車で西部警察ゴッコを展開するほどに。衝突、横転、池へ飛び込みダイブ……と派手に走るものだから壊した自転車は数知れず。さらにリアリティーを追求するあまり、自転車に灯油をかけて焚火に突っ込むアクションを敢行し、親にこっぴどく叱られたことも。とにかくイカレタ子供、ツボウチマサミであった。

愛車との奇跡の出会い　～バスを止めろ!～

2006(平成18)年4月1日早朝。事故に遭う。

目を覚ますと視界に入ったのは1カ月前に見たことのある病室の天井だった。

この日は小豆島からボンネットバスを呼んで廃線ツアーを企画し、ボンネットバスと合流するために岡山に向かっていた。当時「グロリア10代目Y33型系グランツーリスモ」に乗っており、高松市内のガソリンスタンドで満タン給油したのち、国道バイパスで信号待ちをしていたそのとき、物凄い衝撃音とともに大型RV車に背後から突っ込まれた。相手は居眠りだったのか、わざわざ車線を変えて激突していることから当時敵対していた組織に狙われたかは分からないが、私の背後にないはずのトランク部分が迫るほどの追突だった。

ここからは色々な人の話をつなぎ合わせて語るが、すでに私はもうろうとするなか、現地スタッフに電話をかけていたそうで、とにかく事故に遭った旨とイベントの引継ぎをしようとしたらしいが、電話に出た岡山のスタッフには悲痛なうめき声しか聞こえなかったという。現場はガソリンがあたりに漏れ出ており、発火・爆発する恐れがあったので、駆け付けたレスキュー隊に引きずり出されたらしい。その際レスキュー隊の二の腕にあざができるほどの強い力でつかみ、「バスを止めてくれ！　バスを止めろ！」と言い、そのまま意識がなくなったという。

その時、居合わせた警察官やレスキュー隊は、実はバスに追突されたのか？もしくは、バスに緊急を要す事案が発生しているのでは？　と相当慌てたという。

私の持ち物から県立病院の診察券が発見されたことから、そこへ救急搬送。持病もあったせいか、一度心肺停止に陥り蘇生されたらしい。実はおよそ1カ月前に持病でその県立病院に入院しており、病院が嫌いだった私は「通院する」という条件で無理やり出所(退院)した経緯があり、当然通院もサボっていた。

「お帰り！　あなた、死にかけたのよ。通院サボるからバチがあたったんやわー！」

と看護師長さんにこっぴどく叱られた。あたりを見渡すと、前にお世話になった内科の先生と今回お世話になる外科の先生が揃って立っており、わざわざ前にいた病室の同じ位置に入院させられていた。当然まわりは見たことがある入院の顔ぶれがあり、「戻ってきたね。おかえりー」と笑われる始末。それから内科・外科ともに半年に及ぶ手厚い拷問？(治療)を受けることとなる。

また事故当日、親に警察から「息子さんが事故に遭い意識不明の重体です」と電話がかかってきたが、「あの子、朝早くから元気に出ましたよ。その手には乗りませんよ！」といって信用しなかったらしい。なんせ事故のあった4月1日はエイプリルフールだったのだから。

愛車との奇跡の出会い　～名古屋から来たセドリック～

当然、クルマは修理の余地もなく大破していたため廃車となった。さて、クルマを探さなければ！　頼ったのは以前勤めていた会社の上司。フルパンチでいつもダブルのスーツで決めているその姿は一見怖そうだが、話すと人の好さが出て、仕事で色々やらかす私に何も言わず陰でフォローをしてくださった、今も尊敬する人だ。私がカメラマンに転身するため会社を辞める際に最後まで反対してくれた。

その上司の紹介で、彼の愛車であった厳つい BMW の代理店でもあった高松市内の輸入車販売店の社長に、中古車を探してもらうことになった。しかし、なかなか見つからず難航している間に、私が通っていた農業高校の PTA 会長で自身が会長を務める香川県森林組合連合会に私を就職させていただいた、パンチ上司共々、これまた頭を向けて寝られない会長に突然呼び出され、

「ツボウチよ。おまえ、クルマなくしたらしいやないか。それやったらわし、も

う議員やめるきんね、わしのクルマもっていけ」

と切り出された。ちなみに会長は香川県議会議員であり、当時は県議会議長をも務めておられ、専属の運転手がいるのにも関わらず、なぜか命を受けて二十代の生意気な若造であった私が運転を仰せつかっていたのだ。そこで会長からクルマを揺らさないでブレーキをかける方法を仕込まれ、さらには水の入った紙コップをダッシュボードに置き、こぼさないように走行させてテストするなどのスパルタで、運転技術をはじめ運転手たる心得をしごかれた。

なお、会長のクルマはトヨタ「センチュリー」で、タイヤホイールに金の鳳凰があしらわれている、国会などで見るあの最高級車である。

「えっ、あのクルマですか！」

その「センチュリー」はV型8気筒4000ccを積んだお化けグルマである。見た目では憧れのクルマであるが撮影地や取材現場にアレで乗り付けるのも気が引けるし、第一自宅の車庫に入らない。

「腹決まったら連絡くれやー」

会長はにこやかに言う。これは是が非でもクルマを探してもらわないと大変なことになる。そんな時、あのクルマが見つかったという知らせを受けた。すぐに店に向かう。

「いいのが見つかりましたよ。黒じゃないけど、距離乗ってないからどうかな」

輸入車販売店の社長に案内されて対面したクルマこそが、この1997年式「Y33セドリック」だった。愛知から引っ張ってきたといい、名古屋ナンバーをつけていた。聞けば新車登録から9年落ちにもかかわらず、走行距離はわずか3000キロだという。ほぼほぼ奇跡の新古車である。

私にはまず確かめることがあった。「これ、乗っていいですか?」とお断りしたうえで、一応靴を脱いで屋根に上がった。

「乗るって屋根ですか!」

社長は驚きと呆れ顔で私を見る。どうも試乗すると思ったらしい。これまで乗ったクルマも選ぶ基準は屋根に上がって凹むか凹まないかである。当時身長183センチ、60kg台後半を誇っていた私の体重を、このセドリックは見事に支えてくれていた。あとはエンジンがかかれば合格である。

一応、本当の試乗も行い、振り込みの嫌いな私はその場で二千円札の新札束をスーツの両内側ポケットから出し、即決購入を決め支払いも完了させた。記憶が確かなら70万円、二千円札は350枚だった。

セドリック徹底解剖

クセがスゴイ⁉ ツボウチセドリック

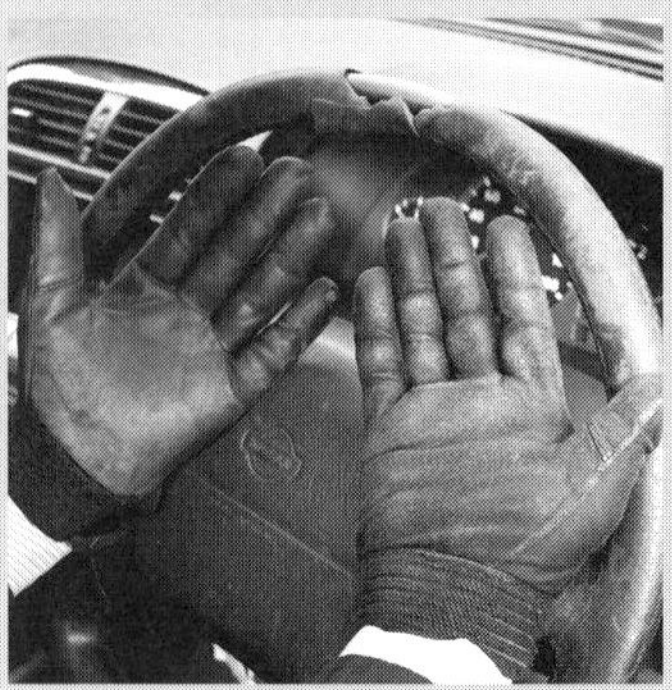

いつも使っている手袋の右手とほとんど使っていない左手。半年使い続けるとこうなる

車内編

ハンドル

まずハンドルのことを「ステアリング」ということもあるが、これは「ステアリングホイール」の略語であり、手で握りグルグル回す丸い部分から先に延びているシャフト部分やギアなどの操舵装置全体の事をいい、「ハンドル」は〝取っ手〟という意味であり、手で握る丸い部分のことだそうだ。↑これは日産整備士からの受け売り。

さて、私が使っているハンドルは純正で40万キロあたりから表面がガサガサに割れはじめ、ある夜、触るものすべてに血が付いていることに気がついたことがある。いつもハンドルを回していた右手をふと見ると、恐ろしいほど血まみれになっていたのだ。以来、右手のみ年がら年中、黒皮の手袋を装着するようになった。しかし、

column

この手袋の寿命も約半年。あっという間に手袋も破れてしまうので、使わない左手の手袋だけがドンドン残っている。

また、80万キロあたりから握っている上部のゴムが裂けてしまい、普段見ることがない芯の部分が露わになっている。香川日産ナカシマさんや友人たちからも取り換えを進められるが、このハンドルのゆく末が見たいがために、あえてこのままにしている。

とくに先端部の削れ方が半端ない。こうして並べてみてよくわかる

鍵

75万キロあたりからセルがうまく起動しないトラブルに見舞われることがしばしば起こり、色々調べてもらった結果、長年の使用でキーの凹凸が削れて丸まってしまい、鍵穴にうまく刺さらないことが原因と分かった。そこで原型がかろうじて残っている間に、急遽スペアー

日産オーディオシステムは純正。カセットが今だに、聴けるのはうれしい

キーを製作してもらった。普段はこのスペアーキーを使い、今まで使っていたキーはキーレスエントリーが付いているので、腰ベルトに常時ひっかけてロック用として携帯している。冬場の暖気や夏場の車内冷却時のロック用、また金属部分の先端の丸みを利用して程よい耳かきとして使っている。

オーディオ

過去2回ほど修理したことがあるが、もう直せる技術者がいないとのことで、次壊れたら直せないといわれた。テレビも作動していたが、アナログであったため2011(平成23)年に施行された地上波デジタル化に伴いお役御免に。人が乗っているときは滅多に音楽はかけないが、一人の時はガンガンに聴いている。搭載しているのは懐かしい標準装備のCDチェンジャー。しかも6

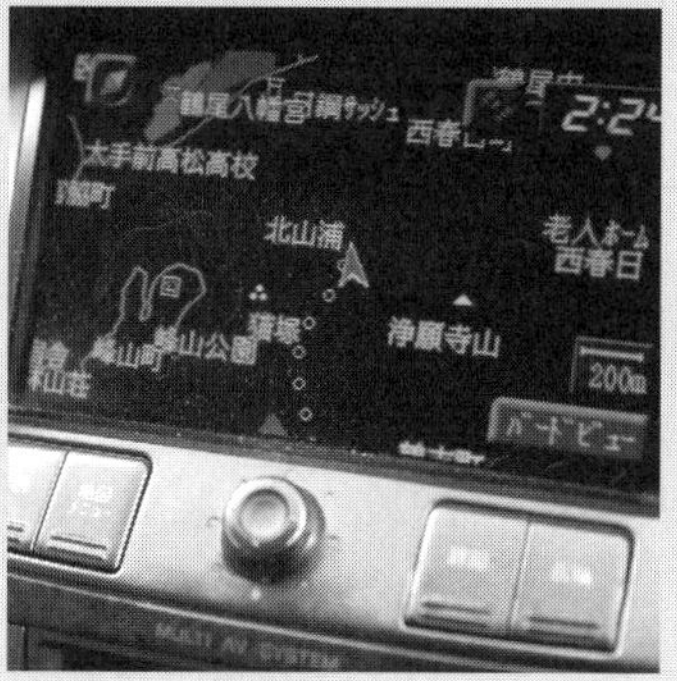

ナビの目的地設定はいつも実際のスポットの「最寄り駅」に設定し、そこから細部を調整するようにしている

枚装填式でトランク内にある装置にあらかじめCDを装填する必要がある。さらに昔懐かしいカセットプレーヤーがまだ現役で、青春時代に自分で編集したカセットを擦り切れるまで聴いている。80年、90年代の曲は今聴いても名曲ぞろいでいいと実感する。ちなみにラジオはほとんど聴かない。

ナビゲーションシステム

これまでアップデートを行っていないため、店舗情報は古すぎてアテにならない。また、2005(平成17)年以後に開通した新しい道路の掲載がない。目的地までの距離計測のためにナビ設定した際に、ナビに掲載のない新しい道路を通過し、またナビに掲載のある道路に戻った瞬間に、突如目的地までの到着距離が一気に縮まることがある。そんな時はちょっと嬉しくなる。

肌ざわりのいい高級シートだけあって、車中泊では快適に過ごせる。

〝ナビ子さん〟と私は呼んでいるが、最初は優しく道案内をしてくれていても、まったく指示通り動かない私の運転に腹をたてるのか、最後にはしゃべらなくなったり、まだ途中なのに「目的地付近です！　お疲れさまでした！」と機嫌が悪くなってしまう。ナビ子さん、いつもごめんなさい。

座席

機会があれば本当は入れ替えたい。運転席は深く沈みこんでしまい、専用の座布団を敷いて高さを調節している。助手席側座面の一部のスポンジが劣化してスプリングが突き抜けているらしく、異常に盛り上がっているが、ちょうど太ももの位置にフィットするように盛り上がっているのでちょうどいいようで、そのままにしている。

column

同行者用として高松琴平電気鉄道で購入した「ななちゃん」ヘルメットも常備

ヘルメット

このクルマの後部に鎮座している。鉄道車両基地内は基本ヘルメット着用が必須なことが多い。車両の報道公開時や車両基地取材の際には、一部ヘルメットを用意してくださる会社もあるのだが、私は頭が大きいので極力自前のヘルメットを使っている。同乗の方々や取材先でお会いした有名人の方にヘルメットに直接サインをもらっている。こう見えて意外にミーハーである。

車内図書

私の著書『鉄道珍百景』・『もっと鉄道珍百景』・『駅スタンプの世界』(いずれも天夢人刊)や、表紙に私の写真を掲載してくれた西村京太郎先生の推理小説などを後部座席に常備している。これは同乗者移動中での車内サービ

最近手掛けた図鑑「鉄道ＬＩＶＥ」（学研刊）をはじめ撮影用の時刻表も搭載している

マニアックな救急箱は昔、特急列車車内に常備していたものらしい

スの一環もあるが、もう一つ、その怪しさから、よく警察の職務質問に会うことが多く、身分証明の証としても提示する目的も備えている。

救急箱

緊急用として携帯しており、消毒液やガーゼ、カイロや絆創膏、そして酔い止めなどを、１９７４（昭和49）年まで使用していた国鉄四国総局の備品救急箱に収納。出先で遭遇した事故現場の救護でときより活躍する。ちなみに酔い止めはほぼ自身が服用する。

カーインバーター

車内には、携帯電話の充電用にカーインバーターを常備しており、シガーソケットの電気を家庭用ＡＣ電源

USBも使えるよう、専用ソケットも常備。大概の充電が可能だ

「安全のしおり」にも掲載しているが、記念のスタンプも用意していた

として使えるようにしている。このおかげで各種充電が可能になったことに加え、パソコン・インクジェットプリンターをも積み込み、車内を移動オフィスとしても使えるようになった。一時はファックスを積んでいた時期もあるし、また便利だろうと電気ポットを繋いでみたら、途端にバッテリーが飛んだという経験もしてきた。

故障中札・安全のしおり

総走行距離80万キロを過ぎたあたりから立ち往生するトラブルが起こるようになり、救援が来るまでのお知らせ用として用意している。「安全のしおり」は飛行機に搭載しているのを真似て洒落で製作。座席に常設している。また記念に乗車スタンプも用意している。

2023年12月現在、高千穂神社など全国15の神様にお守りいただいている

CEDRICの証である十字のフロントエンブレム。最近のクルマではなくなったアイテムだ

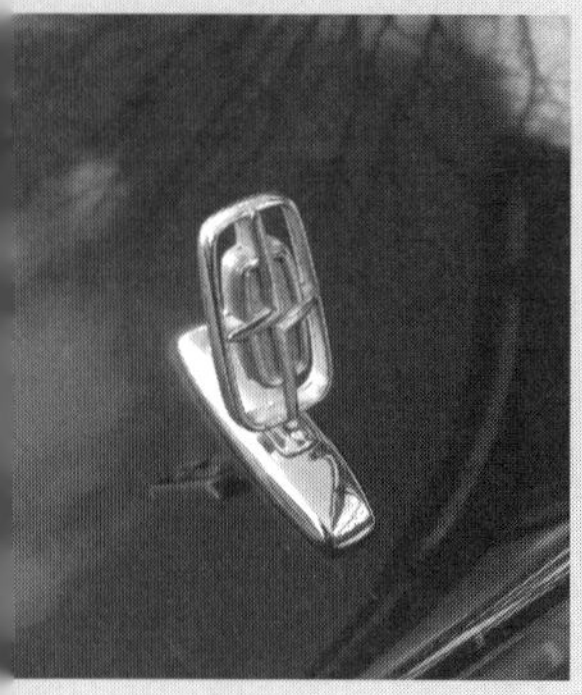

お守り

取材先で参拝した神社や寺院で手に入れたものや、皆さんからいただいたものなど、各地のお守りを付けており、クルマをお守りいただいている。そのお陰で過去に何度も事故の危機から救ってもらった。

外観編

フロントエンブレム

今付けているのは、100万キロ達成目前にして、友人がネットオークションで探してくれたもので、3代目である。初代は早い段階でつなぎ目が錆びて破損し取れてなくなってしまい、2代目は盗まれてしまった経緯をもつ。このエンブレムは法律で押したら倒れるようにし

column

坪内セドリックの目印ともなっているスワローエンゼルが今日も飛ぶ

なければならないようで、0系新幹線の静電アンテナを設置しようとした計画もあったが未遂に終わっている。

燕マーク

走行距離50万キロ達成記念として友人につけてもらった。日本最大の蒸気機関車で現在、「京都鉄道博物館」内で保存されている元・急行「ニセコ号」等優等列車の牽引機であったC62形2号機のみ除煙板に付けられていた「スワローエンゼル」を模したステッカーだ。もともとは両サイドにあったが、運転席側はボディー修繕の際にはがされてしまった。

100万キロステッカー

走行距離100万キロを祝って、友人たちが企画・製

ステッカーは常備していて、ご乗車いただいた方への記念として渡している

窓を開けた状態での閉める音がなんとも重厚感を出してくれる。

作してくれたステッカー。かつて高松～東京を結んでいた寝台特急「瀬戸」号のヘッドマークを模しており、「せと」と「セド」をかけている。車体取付用のマグネットも用意してくれたが、付けて走っていると正体が分かって追いかけられるようになったため、現在は外している。

サッシュレスドア

サッシュレスドアとは、90年代車で流行った窓枠のないドアのことで、そのカッコよさとせっかちな性格の私が、昔よく窓枠に頭や顔をぶつけていたことから、この仕様のクルマを選んでいる。

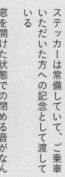

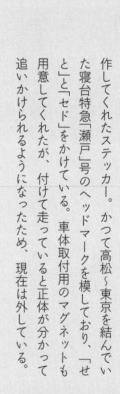

第3章

100万キロ走れた理由

職業は鉄道カメラマン？

現在の職業は、鉄道カメラマン・ロケコーディネーターである。あまり聞きなれない職業名であるが、要するに鉄道を主に撮影するカメラマンで、鉄道専門雑誌や旅雑誌、時刻表やパンフレットなどに掲載するための専門性の高い写真を撮影し、執筆も行っている。最近では鉄道をテーマとしたテレビ番組やニュース、ビデオDVD、映画などのメディアをサポートするロケーションのコーディネーターも行っており、スチールのほか動画撮影もこなしている。

またその知識を生かして沿線自治体で構成する予土線利用促進対策協議会など各地の沿線活性化協議会へのアドバイザーを務めるかたわら、地方私鉄でのイベント立案や企画、記念きっぷや記念グッズ、はたまた車両に取り付けるヘッドマークやサイドボードなどのデザイン製作に至るまで、鉄道と地域に関連したあらゆるサポートも行っている。もはや、いちカメラマンの域を超えて〝鉄道〟をライフワークに幅広く活動する何でも屋である。

私は28歳で脱サラして、この業界に飛び込んでしまった。それまでは鉄道写真撮影を趣味としている鉄道ファン、いわゆる〝撮り鉄〟だった。小学5年生の時からカメラ片手に香川県内をママチャリで走り廻って鉄道の写真を撮りはじめ、JRの普通・快速列車乗り放題のきっぷ「青春18きっぷ」が発売されれば、西日本を中心に撮影の旅に出ていた。

そんな鉄道バカの男も50歳になる。この本が出る2024(令和6)年でこの仕事のキャリアは22年を迎える。

鉄道カメラマンという生活

撮影対象は駅全般や施設・車両の外観、内装・春夏秋冬の走行風景はもちろん、鉄道に関わる要素、例えば〝鉄道旅〟をテーマにするならば、沿線の名所・旧跡や駅弁などの食べ物や名産品、また風景やその生活、歴史的遺構や、はたまた過去になくなってしまった廃線跡に至るまであらゆるものを撮影する必要がある。

　これらは普段からコツコツと撮影して整理しストックしておくことが重要で、突然の出版編集担当者からのリクエストにお応えしなければならない。私の場合、大体リクエストの8割は応えられるように最大限努力しているが、この最新情報に対応して維持していくことが大変で、その路線で走る駅舎や車両に変化、つまり駅の改築や車両交代や編成変更、塗装が変わるなどの変化があると写真の更新、すべて撮り直しが必要となる。

　それが「春爛漫の〜」「紅葉の〜」と季節をテーマとするものになる可能性を考慮して同じ場所での春夏秋冬の走行シーンは必要となる。とくに桜や紅葉が写っている写真の提供依頼になると、その掲載のタイムラグを考えて1年前に京都などオーダーの多いスポットや、新車両デビューや新線開業などの鉄道事情などを考慮したうえで、この路線のこの場所を走るこの車両の写真がいるだろうなぁと予測して先に撮影することになる。そんな〝ストック用〟の鉄道写真の撮影に加えて、「依頼モノ」として、各編集部さんからの取材依頼もスケジュールに入ってくる。この取材依頼には単独で行うモノのほかに、執筆を担当する作家やモデル、編集スタッフ、はたまたクライアントが同行するパターンもあり、大概の場合は私が撮影兼アテンドも務める。

これらが私のライフワークとなっている四国地域のみならず、全国をその活動エリアにしてしまっているので、自宅に居られることはほとんどなく、せいぜい月に2、3日いられたらいい方である。移動している間の自宅兼大事な足として大活躍しているのが、この相棒セドリックである。

鉄道カメラマンなのに鉄道に乗れない？

自宅にいるより長く居住しているセドリック。鉄道好きで鉄道カメラマンという職業に就いているにもかかわらず、実は乗り物酔いをしてしまう。鉄道をはじめバスや船、飛行機での移動は極力避けたいのだ。

乗り物酔いを一番してはいけない職業だ。しかも自らで貸し切り列車イベントを率先して企画してしまい、立場上スタッフとして同乗するので結果フラフラに酔ってしまったことも……。まったく本末転倒な男である。

そのため私の移動の負担を一手に担っているセドリックは、大事にするどころか本当に可哀そうなことをしているといつも反省する。大体1カ月に走行する距離は平均して6000キロ。1日では約200〜300キロはゆうに走ってしまう。過去最高の走行距離は1日1400キロ、その時はほぼ24時間連続運転しており、最後に立ち寄った高速道路のサービスエリアで丸一日気絶していた。目が覚めると自分のなかでは時間は30分ぐらいしか経過していないのに、ビックリするほどガソリンが減っていて、その後のスケジュールが1日ズレていた……！ということがあった。燃費は平均してガソリン1リットルあたり12〜13キロで、ガソリンはレギュラーにしているにも関わらず、月に10万前後を使ってしまうこともある。

線路あるところ坪内セドリック現る

鉄道写真撮影は実に効率が悪い。納得する写真をモノにするために同じ場所に何度も通うことはもちろんのこと、通過する列車の向きや車両の車種、編成、車両数を見極めてアングルを決めるために行ったり帰ったり……。また順光や逆光など太陽の向きにも左右される。その結果、場所を探し出すロケハンも必要となり、労力と時間がかかり、そして走行距離を着実に延ばしてしまうことになる。だからといって必ずしも理想とする写真が撮れるとは限らず、最終的にはその場所に行ってみないとわからないし、撮ってみないとわからない。まさに毎日が博打である。

一見無駄な動き方をしているように思うが、無駄だとは思ってなく、そうした過程も大事なデータとして蓄積し頭に入れて覚えておくことで、次回の成功に繋がる。そうして納得する撮影ができた時の喜びはひとしおである。

また、仕事柄、鉄道に関する行事、出来事があるとそれに合わせて現場へクルマで駆け付け取材・撮影する。北海道に居てその2日後には別の取材で九州へ、自宅のある四国に戻る途中で別件の取材依頼が入り、そのまま自宅を素通りして再び北海道に戻ったことや、遠征して四国へ帰還する目前、瀬戸大橋を渡る寸前で電話が入り「まだ四国に渡ってませんか？ Uターンしてください！」と取材依頼が飛び込むなんてこともしばしばだ。

「北海道の鉄道特集本を出すので346ある全駅の写真用意してください！」「図鑑に載せる全鉄道車両の形式写真を提供してくださいませんか？」「香川県内の讃岐うどん店88軒取材してください！」といった、まるで修行のような依頼も入る。でも、それは私にとってはありがたいことで、この業界は一度仕事をお断りすると次はない厳しい世界。自称「鉄道カメラマン」と名乗っている私みたいな人間はごまんといる。期待されず声をかけられなくなっては仕事がなくなり、たちまち生活が立ち行かなくなるので、いつも危機感をもってこの仕事をしている。だからひたすら走る。その結果がアノ距離に繋がるのだ。

このクルマへのこだわり　メンテナンス話

前述したとおり、日々過酷な運用を強いられているセドリック。日々のメンテナンスはさぞかし念入りにしていると思われるが、案外ほったらかしである。ただ、日々走らせることがこのクルマにとってある意味メンテナンスになっている部分がある。冬場など雪に弱いセドリックに代わり、道中レンタカーに乗り換えることがあるが、1週間程度動かさない状態が続くとエンジン始動まで時間がかかり、時にはウンともスンとも動かなくなることもある。

エンジンオイルの交換は結果的に月1回程度行っているが、かなりオイルを食っていて、交換ではなく継ぎ足しで済んでしまうことが多い。エンジンオイルはあえて粘度の強いものを入れるようにしていて、オイルエレメントは半年に1回という割合で交換している。最初はケージを自ら見てチェックしていたが、最近は発進時の吹き上がり方や加速の状況でなんとなくオイルの有無が分かるようになった。またオイル交換を行う場所も、クルマのベース基地となっているあの香川日産をはじめ、よく出かけることの多い愛媛や高知、岡山には行きつけのエネオスのガソリンスタンドを確保しておき、顔見知りのスタッフさんに行ってもらうようにしている。皆さん、セドリックのコンディションを気にかけてくれ、いつもよくサポートしてもらっている。本当に感謝している。

またスケジュール上、そのほかの地域でもオイル交換をお願いすることがあるのだが、次回の交換距離を大概ひと桁間違えてその場で話題になってしまう。タイヤについても余程のことがない限り、香川県高松市にあり25年来のお付き合いをしているタイヤさんに任せている。新品のタイヤでも走る距離によっては半年程度でダメになるので、いつでも替えられるように体制を整えてもらっている。

どんな場合でもそうなのだが、作業をしてもらっているときは、一応お断りをしたうえで立ち合い、できるだけ一緒に手伝うようにしている。そうしたことで自分がコントロールするクルマの状態・現状を知ることができるからだ。最初にメンテナンスはほったらかしていると書いたが、運転しているときは、僅かな異変も見逃さないように心掛けている。相棒のコンディションはそれだけ大事だ。

動く脚立！ 屋根への登り方講座

※決してマネしないでください

高さを稼ぐため、とっさに思いついたワザ

もはや、私の撮影スタイルともなっている「屋根上がり」。これを始めるきっかけとなったのが集合写真で、東北の農業高校での取材だったと思うが、20数人が集まって専門誌の表紙撮影を敢行しようとしたときに、表紙に全員の顔をどうしても写してあげたいという思いで、程よい高さからの撮影を求めるあまり、とっさにクルマの屋根に上がったのが最初だった。「みんな！ 俺を見ろー」と掛け声をかけて渾身の一枚を撮った記憶がある。

この屋根上がり、鉄道撮影においてもいかんなく高さを発揮する。とくに路面電車の撮影では、並走するクルマとの闘いだ。そんなとき路肩に止め、ひょいと登って行き交うクルマに紛れて走りゆく電車を望遠で狙い撃ちする。クルマの車高142センチに私の背の高さ183センチが加わり約3メートル25センチもの高さが稼げるのは大きい。ある時、白バイがやってきて「すごいところから撮影してるなぁ。降りるとき気を付けてなぁ」とマイクを通して笑われたことがある。

column

どのクルマでもこんな芸当ができるわけではない。車体フレームの強固であった90年代車であるからこそであり、他人のクルマや、ましてレンタカーで行うのはもってのほか。何があってもそれは自己責任であり、破損などのリスクが伴う。またクルマを止める場所には十分な配慮が必要とされるので、皆さんはやらない方が得策である。

坪内流の登り方アドバイス

■1メートルほど助走距離をとる
■左足をトランク端へ駆けあがり、両足を右トランクに上がる
■決して左側からは上がらない
(左側はお客様が乗るため)
■屋根へは必ずフレーム上のみで移動
■ポジションを決める
■構えて激写。
撮影後速やかに飛び降りる

注意事項

■雨の日など悪天候は絶対に行わない。確実に滑る
■高さによってはトランクの上で撮影することも
■太りすぎないように体調管理も大切だ

column

第4章

絶体絶命！　乗り越えられた廃車の危機

2020年9月　バックできない

九州で九州内すべての駅舎の撮影取材をしていた。約半年後に発売される『旅と鉄道』増刊「九州の鉄道旅」の特別付録となる九州全駅図鑑に掲載するためだった。ＪＲ・私鉄併せて約７００余りある駅の外観撮影と合わせて駅名標、駅スタンプの有無などをひと駅ひと駅クルマで巡る。以前行った北海道全駅の倍以上あるその数に気が遠くなる。２０２０(令和2)年9月28日、この日は熊本県のＪＲ豊肥本線を朝から巡っていた。9月でまだ陽が長いとはいえ、1日に撮影できる駅はせいぜい20~30駅が限界だ。夕方、24番目となる豊後竹田駅での撮影を終え、クルマに乗り駐車場から出そうとギアをバックに入れた時だった。……まったく動かない。

そういえばここに来る直前からギアの入り方にムラがあった。チェンジをするたびに異音がしていたのである。何度かギアを入れなおしてみると突如大きな音を立ててバックはしたものの、その動きはおぼつかない状態だ。

とりあえず前進はするので、すぐに近くにあった日産に駆け込むが、おそらくトランスミッションに不具合が生じているのではという診断。だが、ここではどうしようもないという。とにかくこのまま東へと走り別府に向かうことに。途中香川日産・ナカシマさんに電話し相談。さすがに九州まで来てもらうわけにも行かず、別府からのフェリーが発着する愛媛県八幡浜港まで持ってきてもらえれば、車載車でお迎えができるという。できれば動かさない方がいいと言われたが、そうもいかない事情を抱えていた。次の日は午前10時から別件依頼で秋にデビューする観光列車「36ぷらす3」の報道公開に参加することになっているからだ。その会場は福岡県小倉市のJR九州の車両工場。ここには必ず向かわないといけなかったのだ。

何事もなければ豊後竹田からそのまま小倉へ向かい、そして続きの撮影を行うため再びJR豊肥本線に戻る予定であったが、今は別府へ向かうのもやっとである。結局夜通しかけて別府駅前のホテルに朝方到着し、バックができないうえにニュートラルに入れて押してもギヤが噛んでいるのか動かないので、支配人にお願いをして駐車場にドカ置きさせていただき、カラーコーンで動線を確保、翌日の夜のフェリー出航まで駐車させていただくことに。無事に四国へ戻れるだろうか？

別府港から九州脱出作戦

まずは第一段階である別府に辿りつけた。予定していた報道公開へは列車で向かうことに、会場となる車両工場へはクルマで行く際に事前に登録が必要で、当然のことながら編集部を通してセドリックでJR九州広報には登録していたが、車両トラブルで急遽列車で向かう旨の連絡を編集部に連絡して現地に赴いた。するとJR九州広報さんをはじめ他の社のカメラマンさんやライター、はたまた大御所の先生方にまで心配される事態に。「絶対復活させないとダメだよ！100万キロまでがんばらなきゃ」と励ましやらプレッシャーやら、とにかくこれは是が非でも直さないと、という気持ちで取材をこなし、再び列車で別府へ戻った。

　交通量の少なくなくなる夜まで待機させてもらい、いざ別府港へ移動。その時には時速30キロ以上出すと物凄い音を発する状態に悪化していた。別府港からは宇和島運輸フェリーが愛媛県八幡浜港まで運行している。フェリーの関係者に、故障で後進ができず積載した後、場合によっては立ち往生してしまう可能性があるのと、八幡浜港で香川から車載車が救援にくる旨の事情を話し、ほかのクルマと隔離したレーンに誘導することで深夜便に積載させてもらうことに。これでなんとか九州脱出を果たした。

　竹田でのトラブルから2日目の朝を迎え、八幡浜港に辛々たどり着き、港で待機する。

「あら、坪内さんどうしたの？　クルマ、係の者から聞いたよ」

と声をかけてくれたのは新造船取材など日頃お世話になっている宇和島運輸フェリーの社長さん。港で意気消沈していた私の姿をみて駆け付けてくれた。

「よかったよ。うちのフェリーで。普通はセキシャ(積載車)に載せないと断わられるからね。で、ここまで来たら当然直すよね」

と社長もこのクルマの行く末を期待しているようだ。その時、ナカシマさんが運転する積載車が到着した。「これで助かった」その時はそう思った。

このまま廃車に!?　執念の部品探しに奔走

9月30日午後、セドリックは無事に香川日産工場へ運び込まれた。問題はバックできずロックを解除して手押しでも動かないクルマをどうやって積載車から降ろすか？「とにかくやってみましょう。」とナカシマさんが運転席に乗りバックギアに入れると、なんてことでしょう。素直にバックして積載車から降りたのである。別府のホテル駐車場で方向転換するのに、通り掛かりの酔っぱらいまで動員しても、うんともすんとも動かなかったのは何だったんだ。

　このクルマはいつもそうで、ナカシマさんの前だといい子を演じる。まるで病院に連れて行った途端に元気になる子供みたいな様である。しかし今回は運転したナカシマさんの表情が険しかった。

「さっきはたまたまギアが入ったのだと思いますが、この動きはかなり重症ですね。代わりのトランスミッションがあればいいのですが、なければ廃車も覚悟してください」

　総走行距離88万2600キロ。ここで終わりなのか？　ひたすらナカシマさんからの連絡を待った。すると3週間後、「奇跡的に中古品ですが、見つかりました！」と吉報が入る。聞けばスタッフで手分けをして部品会社

へ片っ端から問い合わせをかけてくれたという。だがやはり20年以上前の車種の部品は当然のことながら生産が終了しており、なかなか苦戦を強いられて、ナカシマさんも廃車を覚悟したという。そうしてトランスミッションの交換を行い10月26日無事に出庫。再びセドリックは蘇った。

2022年9月　エアコンから白い蒸気が

2022（令和4）年9月9日午前零時。私の48歳の誕生日は北海道の国道12号を走りながら迎えてしまった。前日に怒涛の釧路湿原を出発し、近く引退することが決まっていたキハ183系特急「オホーツク」「大雪」を散々追いかけ、1年前から取り組んでいた鉄道図鑑掲載用の車両形式撮影で札幌に向かっていた。北海道は本当に広い。今走っている国道12号は旭川市から札幌市を結ぶ道だが、途中の滝川市から美唄市にかけてなんと約30キロにわたって日本一の直線道路となっているのだ。

朝までには撮影現場である苗穂へ到着できるよう順調に進んでいたが、やたらフロントガラスが曇る。かけていたエアコンを切り外気を取り入れるが、それでも曇りがとれない。しばらく走っていると、ドライアイスを入れたかのような薄い蒸気がエアコン口から出始めた。この異変に気付いた私は、なんとなく嫌な気配を感じ、進路を苗穂の撮影現場から新札幌にある北海道日産新さっぽろ店に変更した。これで水温計が上昇したら、ほぼ間違いなく内部のラジエーターがイカレタ可能性が高い。

時間は午前2時過ぎ。なんとしても夜が明ける前に店にたどり着かなくては！ 嫌な予感は大的中、少しずつ水温計の針が上がりはじめ、それにつれてエアコンから蒸気が吹き始めたのである。店まであと少し。停車しては進み、様子をみて水温計が安定したら少し進みと早朝、なんとか店舗前に着くことができた。エンジンを切り、開店まで待機する。

白々と夜が明けてゆく。開店する1時間前になってようやく外に出ると、クルマはドロドロ……いくらなんでもこれは汚すぎる。ちょうど少し先にガソリンスタンドが見え、セルフ洗車もできる。診てもらう前にと水温計に注視しながら洗車に向かった。これがいけなかった。洗車して戻ろうとするとUターンができず迂回しなければならなくなったのだ。案の定、エアコンから出た蒸気が車内に充満し、私を襲う。この出方はもう猶予がないと思った私は、そのまま開店したばかりの店舗に突っ込んだ。どう見てもテロにしか見えない。「どうされましたか？」と整備士さんに囲まれ、そうしてセドリックは即入院となった。が、問題はこの後である。「修理には半月以上かかりますね」と告げられた。やはり内部のラジエーターから大量の水が漏れだしているという。

「それにしても香川からはるばる北海道へ、しかも距離がすごいですね。北海道に長くいますけどこの距離は見たことないです」と驚かれる。この時の総走行距離は97万1200キロだった。

かくして瀕死のセドリックを北海道日産さんに託し、たまたま点検に出されていたリース車であったセレナを紹介してもらい、この後開業が間近に迫った西九州新幹線の取材にそのまま長崎に向かう旨をお話ししたうえで、青森行きのフェリーに乗るために函館に向かった。結局そのリース車で長崎～香川～長崎～松山～香川～福島～新潟～青森そして函館経由で札幌へと約1万2000キロを走破し、ちょうど1カ月後となる10月8日に復活したセドリックと再会。今思えば、このトラブル、来年1月に向けての100万キロ調整のためにセドリックが起こした壮大な策略だったのでは……との思いもよぎるが、さすがにそれは考えすぎか……。

2023年2月　100万キロエンジン運命の選択

100万キロを達成して、1カ月が過ぎた2023(令和5)年2月。順調に距離を延ばす一方で、色々あった1カ月だった。

朝日新聞が書いた香川版でのワンエンジン100万キロ達成の記事を皮切りに、その後全国紙へ昇格されて瞬く間にネット記事へ拡散した。反響が広がった結果、フジテレビの急なオファーで朝の情報番組「めざまし8」のオープニングを飾り、追随してNHK松山放送局の夕方のニュース「ひめポン」でこれに負けじと特集が組まれたのだ。正味40分枠のニュースショーでは異例ともいえる8分に及ぶ特集で、強いこだわりを持った記者と編集マンのいつにも増して気合の入ったその編集はとてもクセの強い、だが自分を理解してくれているものとなった。いきなりクルマの登場曲からしてNHKらしからぬ「西部警察」のテーマソングで始まり、最後はドラマでも流れていた石原裕次郎さんの曲に合わせて、列車と並走するシーンで終わるという奇抜な内容となっており、出演していたアナウンサーをも驚かせた。

これは絶対やりすぎて怒られるぞと思いきや、その反響の大きさから四国各地の局で放送され、最後には朝の全国ニュース「おはよう日本」で放送される事態に。同時に公開したNHKの動画サイトでも再生数がウクライナ情勢よりも上位に食い込むなど恐ろしいことに。

そんな時だった。香川日産ナカシマさんからエンジン譲渡の相談を受ける。「日産本社から別の新しいエンジンを用意するので、研究用として100万キロ走ったエンジンを提供し、今年度中にエンジンの解体検査をさせてもらえないか？」というものだった。

こんな話は滅多にない。ナカシマさんの強い勧めもあって悩んだ。予防整備を長年してもらっていたナカシマさんにとって慢性的なオイル漏れを食い止めるのには正直限界がきていた。そのことは私も知っていたし、前人未到の距離を走り続けている奇跡的な今の状態は、言い方を変えれば、この先の不具合が予期できず、確実に進行しつつある疲労破壊はやってくる。そのことも考えれば、ディーラーとしての安全という保証も難しくなる。

なにより、このクルマに乗り続けるのであれば、いずれは替えないといけない。テレビのインタビューで言っていた「そろそろ引退を……」という言葉はむしろナカシマさんの本心であろう。しかし今一番調子のいい絶好調なエンジンを、なぜ今すぐに、残りわずかな年度内に持っていかなくてはならないのか？　今年度ではなくもっと長い目で見てほしい。３週間にわたり悩んだ挙句、私は結論として〝ＮＯ〟を伝えた。

2023年3月　100万キロエンジン最後の旅路

2023年3月中旬、エンジン譲渡の話を断った3日後、そんなエンジンから軽い異音がし始めた。

すぐにナカシマさんに相談する。2日後に福井・石川・能登半島での廃線跡の取材が迫っており、このクルマが必要だったからだ。「これは嫌な音ですね……」とナカシマさんは眉をしかめた。できる限りの処置を施してもらい、取材から戻ってきたら本格的に診てもらうことになった。

「ひょっとしたら内部の可能性があるので無茶はできませんよ」

と釘を刺すナカシマさん。私は福井へ、そ

して運命の能登へ向かった。福井からはこのクルマに多大なる愛着を持っていただいている鉄道写真家の南 正時さんを乗せ、石川県能登半島に向かい、廃止されたのと鉄道の廃線跡取材を敢行した。取材中ではその走りをいかんなく発揮した。3日間に及ぶタイトな取材を終え、能登半島の突端にある蛸島駅跡から福井へ帰還途中、再びエンジンから異音が聞こえ始め、次第にその音は大きくなった。

なんとかたどり着き、セドリックの異音を心配する南さんを宿泊先である敦賀市へ送り届けて、私は四国高松へ帰途に就く。そのまま夜を徹して走り、香川日産に到着する頃には、ボンネット内部からプロペラ飛行機のような騒音が轟くほどに悪化していた。

すぐに診てもらうが、おそらく内部のピストンに致命的な不具合があるとの見解だった。解体修理は大きなリスクがあることから、2023年3月23日修理を断念、走行距離、102万606キロでこのエンジンは終止符を打たれた。

このまま廃車か復活か

セドリックの心臓部であるエンジンがダメになったことで、このまま引退そして廃車か、はたまたエンジンを探して復活を果たすか、いずれかの選択に迫られた。だが、能登から共に帰っているときから私の答えはひとつだった。ナカシマさんに一度お断りしたエンジン譲渡の話が復活できないかを聞いてもらうと当時に、交換できる中古エンジンを手配してもらうことにしたのだ。

その結果、譲渡の話は予算の都合もあって翌年度での再交渉は難しいとのことで、別のエンジンを探してもらうことになった。ナカシマさんたちも業者やメーカーにあたってもらう一方、私もクルマ関係の知り合いにあたってみるが、約26年前の2500ccVQエンジンはそう簡単には見つからない。年度末という多忙な時期もあって、すぐにはサービス代車がなかったため、レンタカー代はかさみ、代車を用意してもらえても度重なる乗り換えの連続……。

元はといえばあのエンジン譲渡の話を断った私の判断ミスから始まったことだ

が、一向に進展しないエンジンのこともあって、その苛立ちからナカシマさんと電話で言い合いになってしまうこともあった。工場にも足を運びクルマの状況を伺うが、工場の片隅で次第に埃を被ってゆく姿になんとも言えない無力感を感じた。

いっそのこと、乗り換えた方が皆の迷惑にならないのではないか？　そう思い始めた5月中旬、ナカシマさんから吉報が届く。「見つかりました！　これから作業にかかります」ナカシマさんは恐縮そうにいう。２代目となるエンジンは走行距離7万キロだという。奇跡がおきたと思った。

そうしておよそ2カ月ぶりとなる5月26日に、２代目エンジンを載せたセドリックが復活したのである。

2代目エンジンが短命に。そして！

日産工場から出場したニューセドリック。見違えるほど音が静かで、走りも申し分ない。そして、そのままNHK松山放送局の取材を受けることに。セドリック復活のニュースを第2弾としてまたもや特集するためだ。ところが愛媛県内でのロケが終わった直後、出場初日にして、エンジン下からオイル漏れが発生するトラブルに見舞われるのである。しばらくは様子を見ながら走っていたが、その量は日増しに増え、3日後再び香川日産工場へ再入場することに。再度エンジンを降ろしての措置を施してもらい一度は漏れも止まったが、その2週間後に再び同様の漏れが発生するのである。結局、走行距離4800キロにして2代目エンジンは別で用意してもらった、10万キロ走行の3代目エンジンと取り換えることとなり、8月14日に再々復活を果たしている。

そして、今もなお、3代目のエンジンとともに、セドリックで走り回っている。

カーナビと廃線めぐり

坪内セドリックに搭載されているナビゲーションシステムは、２００５(平成17)年初頭から未更新となっているため、ときに廃線跡の取材において絶大な活躍を発揮する。本来、古地図とを見比べて線路跡をたどって進めるのが廃線跡取材のセオリーだが、このクルマのナビのデータには、２００５年当時、まだ現役でその後廃止された路線が表示されるのだ。現役当時の駅の位置や街並みも表示してくれるうえに、廃止になった駅を目的地に設定してもナビ子さんはいつもと変わらずに案内をしてくれるのだ。このカーナビの性能を知る編集者やライターさんからの廃線取材依頼の際も「現地へは必ずセドリックでお越しください」とクルマを指定されるほど。もはやカメラマンの私より必要なのは、あのナビ子さんなのではと嫉妬してしまう(笑)。ちなみに最終更新となっていた２００５年4月以降、２０２３(令和5)年12月までに日本国内から消えた鉄道路線(部分廃止)を含む路線は33あり、改めて調べると、そのうちの30路線がこのナビの中ではデータが残っていることが分かった。廃線跡の取材にはぜひご用命を！

《坪内ナビではまだ現役路線30》

のと鉄道　能登線（穴水駅～蛸島駅）2005年4月1日全線廃止
名古屋鉄道　岐阜市内線（岐阜駅前駅～忠節駅）2005年4月1日全線廃止
名古屋鉄道　揖斐線（忠節駅～黒野駅）廃止　2005年4月1日全線廃止
名古屋鉄道　美濃町線（徹明町駅～関駅）廃止　2005年4月1日全線廃止
名古屋鉄道　田神線（田神駅～競輪場前駅）廃止　2005年4月1日全線廃止
北海道ちほく高原鉄道　ふるさと銀河線（北見駅～池田駅）
2006年4月21日全線廃止
桃花台新交通　桃花台線（小牧駅～桃花台東駅）2006年10月1日全線廃止
神岡鉄道　神岡線（猪谷駅～奥飛騨温泉口駅）2006年12月1日全線廃止
くりはら田園鉄道　くりはら田園鉄道線（石越駅～細倉マインパーク前駅）
2007年4月1日全線廃止
鹿島鉄道　鹿島鉄道線（石岡駅～鉾田駅）2007年4月1日全線廃止
西日本鉄道　宮地岳線（西鉄新宮駅～津屋崎駅）2007年4月1日部分廃止
高千穂鉄道　高千穂線（延岡駅～槇峰駅）2007年9月6日部分廃止
三木鉄道　三木線（三木駅～厄神駅）2008年4月1日全線廃止
島原鉄道　島原鉄道線（島原外港駅～加津佐駅）2008年4月1日部分廃止
名古屋鉄道　モンキーパークモノレール線（犬山遊園駅～動物園駅）
2008年12月28日全線廃止
高千穂鉄道　高千穂線（槇峰駅～高千穂駅）2008年12月28日全線廃止
北陸鉄道　石川線（鶴来駅～加賀一の宮駅）2009年11月1日部分廃止
十和田観光電鉄　十和田観光電鉄線（三沢駅～十和田市駅）
2012年4月1日廃止
長野電鉄　屋代線（屋代駅～須坂駅）2012年4月1日全線廃止
JR東日本　岩泉線（茂市駅～岩泉駅）2014年4月1日全線廃止
JR北海道　江差線（木古内駅～江差駅）2014年4月1日部分廃止
JR北海道　留萌本線（留萌駅～増毛駅）2016年12月5日部分廃止
JR西日本　三江線（江津駅～三次駅）2018年3月31日全線廃止
JR北海道　石勝線夕張支線（新夕張駅～夕張駅）2019年4月1日全線廃止
JR東日本　大船渡線（気仙沼駅～盛駅）2020年4月1日部分廃止
JR東日本　気仙沼線（柳津駅～気仙沼駅）2020年4月1日部分廃止
JR北海道　札沼線（北海道医療大学駅～新十津川駅）
2020年5月7日部分廃止
JR北海道　日高本線（鵡川駅～様似駅）2021年4月1日部分廃止
JR北海道　留萌本線（石狩沼田駅～留萌駅）2023年4月1日部分廃止
JR九州　日田彦山線（添田駅～夜明駅）2023年8月27日部分廃止

第5章

整備士が語る 100万キロセドリックのヒミツ

文／山下文子

香川日産と愛媛日産の整備士、二人が語りつくす

2023(令和5)年11月。二人の整備士が対面した。香川日産の中島明巳さんと愛媛日産の大下孝次さんである。なぜなら日産本社から送られてきたエンジンの分解写真をぜひ解説してほしいと、坪内本人が熱望したからだ。もちろん、自身の車を長年整備し続けた香川日産の中島さんだけに話も聞くことができたが、同じ整備士の知識を持つ二人が話せば、100万キロを走ったエンジンがどういう状況だったのかよりわかるのではないかと思ったからだ。

中島明巳さん　香川日産営業本部
サービスグループ技術担当

大下孝次さん　愛媛日産松山インター店
整備士経験を持つ工場長

日産本社から大量のエンジン分解写真が送られてきた。

坪内は写真を見るなり開口一番、こう言った。

「いやあ、こんなにいっぱい部品があったんだなと思いましたね」

日産本社から送られてきた写真のデータは、実に271枚に及んだ。部品ごとに名前も書かれているではないか。このエンジンを開発した技術者も立ち会って一つひとつを分解したのだという。かつて組み立てたエンジンを、26年後に100万キロ以上走行した状態で、まさか分解する日が来ることをだれが想像していただろうか。

坪内の愛車セドリックは、1997(平成9)年製、VQエンジンを搭載している。このエンジンはシリンダーが6つV型に配置されており、新世代のエンジンとして当時〝技術の日産〟としての最高傑作であった。坪内は100万キロに到達するまで、一度もエンジンを交換することはしなかった。このエンジンはオーバーホールされることもなく、動き続けたのである。

しかし、102万キロを過ぎた途端に異音を響かせ、悲鳴を上げ始めた。坪内はこのエンジンは「意志を持っている」のではないかと、常々思っていたという。大記録を築くまで耐えに耐えてきたエンジンは、記録達成を見届けた後に自らの引き際を相棒である坪内に知らせたのである。

香川日産の中島さんは、坪内の愛車になって以後16年のうちのほとんどの整備を担当していたこともあり、長距離を走るこのセドリックの予防整備を入念におこなっていた。「普通はゲージを突っ込んで調べたりするんですけどね、坪内さんセドリックの場合、もう音を聞いたらなにかおかしいとか気づくんですよね。調べてみたら、そのとおり調子が悪いところがあるんですよ」と話す。

自身も「C30ローレル」を所有する中島さんは、坪内のセドリックへの愛着は相当なものだと感じていた。走行距離が77万キロを超えたあたりから、もうどこが壊れてもおかしくない状態に不安はあったものの、こうなれば100万キロまでは面倒をみるしかないと腹を決めたという。

「エンジンのオイル漏れが結構ひどくて苦労しましたね。オイルシールから漏れるんですよ。ガスケットを何枚も合わせクランクのシール当たり面を変えたりしてなんとか止めてましたね」

　アイドラプーリーと呼ばれる部品を見たとき、中島さんは一番驚いた様子だった。

「これはベルトがかかっているところを調整する部品なんですが、こんなに削れているものは初めて見ました。普通はこんなに段差がつくことはないんですが、通常アイドラプーリーは20～30万キロしかもたないといわれています。いわゆるこれが100万キロの証といってもいい」

　同じ写真を見ながら、愛媛日産の大下さんも口を開いた。

「この部品だけは、本社から返してもらった方がいいのでは?」

と言うのである。大下さんは、愛媛日産松山インター店の工場長として整備士とお客さんをつないでいる。もともと整備を担当していた経験もあり、部品の写真にとても関心を寄せていた。2023年5月に2代目のエンジンを載せ替えた当日、香川日産を発車した坪内が違和感を感じて立ち寄ったのが愛媛日産大下さんの店で、辛くも交換当日にオイル漏れを見つけた人でもある。

100万キロ達成のニュースを見て、坪内のセドリックを知っていた大下さんは、

「あ、あの車だと思いました。ちょうど整備士たちとその話をしていましたし、まさか出会えるとは思っていませんでした」

と運命的な出会いを果たしたことに喜んだという。交換した2代目のエンジンと坪内のセドリックは相性が悪かった。しかしながら、大下さんとの巡り合わせは信頼を置ける新たな拠点と出会う貴重なきっかけとなった。当然のことながら大下さんもまた、大の日産車ファンであり、自身も1983年製の「スカイラインRS」を所有しているのだ。

坪内も大下さんも、同年代ということもあり、同じ刑事ドラマを見て育った。「大都会」に「西部警察」、「あぶない刑事」は、二人の人生にどれほどの影響を与えたことか。坪内のスーツ姿とセダンの組み合わせは、往年の刑事ドラマそのもので、大下さんの「スカイラインRS」にいたっては、本物と見まごうほどのドラマの再現ぶりに熱いものを感じずにはいられない。大下さんの父親の義朗さんもま

た、坪内と同じくセドリックを所有していることも判明した。

「父も100万キロのニュースを見て、『これ、わしのセドリックとおんなじやな。100万キロはすげーなっ』って言ってました」

分解写真には驚きがたくさん詰まっていた

中島さんと大下さんがともに感心していた部分がある。エンジンヘッドの部分である。オイルが循環するため、ヘドロやオイルかすなどがたまっていてもおかしくないという。金属の摩耗も見られず、実に美しいのだとか。

「とても100万キロを走ったとは思えないほど、カムシャフトもきれいですね。これはこまめにメンテナンスをしていたからでしょうね」

と大下さんは香川日産の丁寧な整備対応をたたえた。中島さんは、

「これを見たとき、よく走ってくれたなと思いましたね。最終的に6番目のピストン冠面が飛び出して、シリンダーヘッド側に当たってたからカンカンカンカン

音がしてたんだなって、写真を見てはっきりしましたね」

こればかりは、エンジンを分解しなくては気づかなかった。この状態だと、クランクシャフトを交換しなくてはいけない。それならば、分解して組み立てるよりも新たなエンジンを載せ替える方が賢明だというのが中島さんの見解で、実際に修理せずに載せ替えることを選んだことが正解だったことが証明されたのだった。

シリンダーボアには長期間の使用により摩耗したあとだろうか、傷がついている。コンプレッションもかなり低下しているであろうクランクシャフトやカムシャフトにはオイルがじっとりと染みこみ、オイルパンには今回の異音の原因である金属片も浮かんでいるという。

これだけ分解して写真を提供してくれるのは異例のことだと二人は言う。100万キロ走ったエンジンはいったいどこがどうなっているのか、これから開発に携わる技術者の学びのために、ひいては自動車産業の未来の役に立てればと、坪内は愛着のあるエンジンを手放した。かといって保管する場所もなく、ただ朽ちていくことなどもってのほかだったに違いない。100万キロをともにした相棒のいわゆる心臓部分を持って行かれることはさぞ、胸が引きちぎられる思いだったことだろう。しかし、大下さんは坪内に語りかける。

「納得するまで乗ったんじゃないですか、エンジンの限界まで見届けたじゃないですか」と。

中島さんも

「日産の教育センターに保管されると聞いています。若手に技術継承できれば

初対面にもかかわらず、意気投合して話してくれた中島さんと大下さん

「一番いいですね」

と温かい目で坪内に話しかけてくれた。

写真を1枚ずつ見ていると、いかに繊細な部品が組み合わさって動いていたのかよくわかる。金属が摩耗したり、ゴムがプラスチックのように硬化したり、経年劣化による疲労は否めない。しかしながら、この部品の一つひとつが問題なく動くことで、クルマが安全走行していたと思うと、それらすべてが奇跡のような気がしてくるのだ。技術の素晴らしさの裏には、開発した人々の情熱が込められている。キーをひねると、エンジンが始動する。その波打つような響きを感じながら運転席でハンドルを握る。その感覚を100万キロも、しかもたった1基のエンジンで味わえたことは、これ以上ない奇跡だったと言わざるを得ない。

第6章

応援投稿　坪内セドリックの思い出

伝説の100万キロ「セドリック」は運転者の人柄を表していた

南 正時　みなみ・まさとき

1946年福井県生まれ。アニメ制作会社勤務時に知り合ったアニメーター大塚康生氏の影響を受け蒸気機関車の撮影に魅了され、以後50年以上に渡り鉄道を撮り続ける。1971年に鉄道写真家として独立、以後新聞、鉄道雑誌、旅行雑誌にて撮影、執筆で活躍。勁文社の鉄道大百科シリーズをはじめとして著書は50冊以上を数える。鉄道のほか湧水、映画「男はつらいよ」がライフワーク。近著に『旅鉄BOOKS 060 寝台特急追跡乗車記』、『昭和のアニメ奮闘記』、『旅鉄BOOKS 066 急行列車追跡乗車記』、『旅鉄BOOKS 069 ヨーロッパ国際列車追跡乗車記』、『旅鉄BOOKS 070私鉄特急追憶乗車記』いずれも天夢人刊)がある。

「どつぼカー」初見参

私は写真を撮ることを生業にしているが、これまで旅のルポなどでは写真と文をまとめて請け負って執筆することが多かった。

鉄道作家の檀上完爾さん、種村直樹さん、宮脇俊三さんとのご一緒の取材ではひたすら写真撮影に徹してきた。ところが2012(平成24)年12月の『旅と鉄道増刊　寅さんの鉄道旅・山田洋次監督50周年』号で、私はルポ記事を執筆する〝作家〟の立場になり、写真担当のカメラマンと同行することになったのだ。

同行するカメラマンは四国在住の坪内政美さんだった。以下〝坪さん〟と呼ばせて頂くが、これまで坪さんの活躍ぶりは各誌面で見ているが、お逢いするのは初めてで期待半分、不安半分のまま、東京駅で寝台特急「サンライズ出雲」に乗車し、途中で各駅停車に乗り換えて待ち合わせ場所の岡山県のJR伯備線備中高梁駅に降り立った。

改札口から出るやいなや、50m先の駅前食堂あたりから私を狙って望遠ズームでバシャバシャ撮影をしているネクタイにスーツ姿のカメラマンがいるではないか。「初対面の挨拶もなくいきなり本番かよ……」と少し面食らったが、撮影を終えるとさーっと走ってきて、私の荷物を持ち、くだんの駅前食堂「なりわ屋食堂」にエスコートしてくれたのだ。

「寅さん流の朝ごはんを食べて頂こうと思いまして」と言い、それから名刺を差し出した。そして黒い大きなカバンの中から、私が昭和50年代に執筆した『ケイブンシャの大百科』シリーズを何冊かとり出して見せ、子供の頃はこの本を教科書として鉄道カメラマンになったというのだ。

「南先生の撮られた写真は今も、撮影ガイドとして持ち歩いています……」

「おいおい、先生はやめてよ、南サンでいいから……」

と言ったが、今も坪内さんは〝センセ〟呼ばわりを続けているのだ。この駅前食堂で寅さん風の温かい味噌汁と焼海苔、焼き魚をアテンドしてくれたのも坪さんの気の利いた仕業だった。

高梁市内の取材に向かう前「センセはそのまま」と店の前で待たされ、駐車場から日産セドリックを食堂の玄関先まで横づけにして、ハイヤーのようにドアを開け頭がぶつからないようドアに手を添えてくれた。私も含めて、これまで慇懃無礼で粗暴なカメラマンたちと付き合って来たので、坪さんの一挙一動作はむず痒くなるようなセドリックへのもてなしでもあった。

「もう少しリラックスして行きましょう」と車内で声をかけた。今回の旅取材では私は撮るよりも撮られる立場で3日間にわたり、私の「寅さん流」の旅を追って撮ってもらうことになっていた。

坪さんのセドリックに乗車して、まず感じたのは上手な運転をしていることだった。クルマを相棒のように乗っているという感じだが、私もこれまで日産「ブルーバード」を3台乗り潰してきたから、坪さんの運転は愛車へのいたわりの気持ちが伝わってきたのだった。

以来、坪さんとの付き合いは『旅と鉄道』の企画モノ「廃線跡を旅する」「寅さんの鉄道旅」などで年に2回以上のお付き合いが続いている。

その後も坪さんとの同行取材は続いているが、彼の愛車日産セドリックは

1997年式で排気量2500cc。2006(平成18)年に中古車で購入する際、3000キロほどしか走っていなかったという。私が坪さんのセドリックに初めて乗った2012年には走行距離などは意識していなかったように思えるが、とにかくこのセドリックが気に入っているようで可愛がって乗っているようだった。時には脚立代わりに屋根上に駆け上がってカメラを構えることもしばしばで、当初は「行儀が悪い、本当にこのセドリックを大事にしているのだろうか?」と思っていたが、この時代のセドリックは頑丈に作られており、屋根上には凹みはまったく見られない。いつしか屋根上からの撮影は坪さんの〝専売特許〟のように知られるところとなった。

2023(令和5)年の春、福井鉄道で行われた「200形復元保存お披露目セレモニー」では、セドリックの100万キロ達成がNHKのテレビニュースで報道された直後だったこともあり、颯爽と屋根に上がる坪さんに参加者から拍手が湧いたほどだった。

坪さんがセドリックの走行距離を意識したのはいつか定かではないが、

2018(平成30)年1月に『旅と鉄道』での寅さんシリーズの取材に坪さんのご当地、四国を2泊3日で旅したときのことである。この時は離島も含まれていたので走行距離の達成は見通しがたたなかったというが、夕方、琴電沿線を走っているとき「まもなくラッキー7です」と言った。後部座席には別番組で坪さんを追って取材しているNHK松山放送局宇和島支局の山下文子記者も同行しており、総走行距離が69万9999キロを示していたのを確認して、70万キロ達成の瞬間に琴電の駅前に止めて、3人で温かい珈琲で祝杯を挙げた。このとき私も坪さんが走行距離数にこだわっているのだと思ったが、坪さんもまた「キリが良い数字」程度だったといい「77万7777キロで買い替え時期でしょう」と言っていたが、まさか100万キロまで乗り潰すつもりはなかったようだ。

その後も何度か取材を同行すると「エンジン絶好調なので大台を目指します」と言っていた。そして走行距離が100万キロを超えたのは2023年1月のことだった。日産「セドリックブロアムE-Y33形式」のメーター の表示が99万9999キロを示したまま動かなくなっていたのだった。100万キロを達成したとして認められ地元の日産ディーラーから表彰され、山下記者が取材で追い続けて来た偉業がＮＨＫの全国ニュースで何度も放送された。

100万キロを超えてからの旅

２０２３年の２月から３月に２度に分けて福井と能登地方を100万キロ達成のセドリックと共に旅をした。すでに全国放送で知られたセドリックには人が集まり99万9999キロで止まったままのメーターを興味津々に眺め写真に撮っていた。

３月に『旅と鉄道』の恒例となった「廃線跡を旅する」で能登半島を旅した。福井駅前に颯爽と現れたセドリックで一路、能登を目指した。

目的地は能登半島の廃線跡。穴水から先に延びていたのと鉄道の廃線、穴水～蛸島・穴水～輪島間である。途中、珠洲市の市役所駐車場では職員が飛んできた。駐車禁止を指摘するのかと思っていたら、スマホを取り出し「テレビで見ました！　こんな所まで来てくれたんですか？　感激だなぁ」と言いつつセドリックの隅々までスマホに収めていた。

2日間にわたる廃線跡の取材も、旧・のと鉄道の珠洲駅跡にたどり着いた。乗降客のいない駅舎は当時のままの姿で残っていた。駅舎の前で、今回の取材のテーマでもある「100万キロセドリックで廃線跡」を飾る記念写真を撮った。取材を終え、午後は帰路に着くだけである。私は仕事の都合で途中の敦賀まで。一方の坪さんはその日のうちに四国に帰るつもりだという。

セドリックは珠洲駅跡を後にしてエンジンを唸らせた。能越自動車道に乗ってスピードが時速70㎞に至ったときである。私は床下から「カラカラ……」という異音が聞こえるのに気が付いた。坪さんも気が付いたらしいが、速度を緩めながら走り続けた。金沢で北陸鉄道に寄って新入車両を撮って再び走り出すと「異音」がまた聞こえてきた。「ミッションかな？」と坪さんが言う。いずれにしても気を使いながら音が小さくなる程度まで速度を落として、何とか敦賀までたどり着き夕食を共にした。「今日は敦賀に泊まってディーラーに連絡した方がいいよ」とアドバイスしたが、どうしても明日朝までに高松に辿りつかなくてはならないということで坪さんと別れた。

数日して「ついにエンジンが力尽きました。香川日産自動車で古いエンジンが取り外され、新たに中古エンジンが装着されました」と電話が入った。

あのエンジンは100万と2万キロで天寿をまっとうしたという。それから半年後の9月、開業前の北陸新幹線越前たけふ駅に坪さんのセドリックは元気な姿を見せた。金沢～敦賀間に試運転電車が走る日である。われわれ二人は敦賀駅と敦賀湾を望む高台で試運転電車を待っていた。

2012年9月、岡山のJR伯備線備中高梁駅で坪内カメラマンと初対面。セドリックの屋根上にいた

2018年1月、地元高松市で70万キロ達成した

70万キロ達成を祝う。坪さんと私、そしてNHK松山放送局の山下記者

能登の廃線取材。のと鉄道の廃線跡、旧・蛸島駅で取材を終えて（2023年3月）

『旅と鉄道』の旧・北陸線取材で杉津越えの廃線跡を走る（2023年3月）

2023年9月、試運転開始直前の北陸新幹線「越前たけふ駅」と日野山をバックに撮影

能登取材を終えて北陸鉄道内灘駅付近で「異音」発生。踏切停車中（2023年3月）

瞬間移動する「どつぼカー」100万キロセドリックの魔法

杉﨑行恭 すぎざき・ゆきやす

フォトライター。1954年、兵庫県生まれ。旅行雑誌や鉄道雑誌を中心に執筆。特に駅と駅舎をライフワークとする。著書に『訪ねておきたい名駅舎　絶滅危惧駅舎』（二見文庫）、『廃線駅舎を歩く』（交通新聞社）、『木造駅舎紀行200選』・『モダン建築駅舎』（天夢人刊）などがある。

森の番人、スーツ姿で無茶走り

実は、坪内政美は「鉄道林評論家」なのである。前職が香川県森林組合連合会の職員だったので、鉄道撮影のかたわら瀬戸内の山林で薬剤散布をしたり、チェンソー取り扱いの講師などをしていたという。平成の中ごろ、あるアウトドア雑誌で「日本唯一、鉄道林マニアの男」として彼を取材した時、待ち合わせ現場のJR函館本線比羅夫駅にさっそうと現れたのが香川ナンバーのセドリックだった。

スーツ姿にゴム長靴という「戦闘服」でセドリックから降り立った坪内さんは、函館本線の周囲の鉄道林にずんずん分け入って「このドイツトウヒは育成複層林か、樹間疎密度が少しおかしい。更新時期だ」など、わけのわからないことを口走りながらセドリックに戻るや、軽やかなステップでトランクからルーフにかけのぼり、やってくる山線のキハ40系にカメラを向けた。

「北国の鉄道は、歴史的に鉄道林とともに延伸したのです」と言う。明治時代、北海道の豪雪地帯の路線では冬季運休もあったという。吹き寄せる地吹雪から線路と列車を守るために鉄道当局が研究の結果、鉄道林が最適であることがわかった。それ以後、樹木が生えないような寒冷地でも職員の血の滲むような努力の末に鉄道林を植林し、今もその役割を果たしているという。「鉄道写真の名所の多くは、背景の鉄道林が風景を作っている」と坪内さんは力説する。

その時は、彼のセドリックに同乗して、「ふるさと銀河線りくべつ鉄道」や、J

R宗谷本線塩狩峠などをめぐって札幌で別れた。

セドリックの車中泊と捜査車両の存在感

多くの鉄道カメラマンが車中泊をしながら撮影旅行をするように、坪内さんもロケ中はセドリックを宿にする。このような大型セダンはトランクもでかいので、カメラバックや三脚、脚立のほかに毛布や枕も格納する。

彼がカー野宿をする状態にセットして、試しに寝てみたらまことに快適だった。セドリックの余裕のある車内空間のなせる技である。

食事はどうするのかといえば、地方のスーパーに寄った際、ウインナーを店の電子レンジで加熱して袋の中で破裂させ、温めた白飯にぶっかけて食べる「どつぼ飯」をご馳走してくれた。なかなか美味であった。そのほか「燻製たまご」や「レジにて半額」のおかずを「どつぼ推奨商品」として栄養源にしていた。

車中で話を聞けば、彼は根っからの「西部警察」フリークで、本当ならば舘ひろしが乗っていた「マッハ・ワン（フォード・マスタング＝ファンはマック・ワンと呼ぶ）」が欲しかったがそれも叶わず、より捜査車両っぽいセドリックを選んだという。実際、北海道内の国道を走っていると先行車が面白いように減速する。地味な色の大型セダンが背後からしのび寄れば、誰もが「すわ覆面！」と思うだろう。もちろん彼は無理な運転はしない、しかし高速道路の入り口ゲートを通る際、スーツにサングラスのまま窓から上半身を乗りだして、華麗に通行券を引き抜く大袈裟なスタイルは、ちょっとだけ「石原軍団」のニオイがした。ＥＴＣが普及した今、あの芸当が見られなくなったのが残念だ。

また、狭い林道などでは平気で数キロもバックで爆走する。バックギアがうなりをあげ、絶妙のハンドル操作で曲がりくねった林道を後ろ向きで、ラリーカーのように突っ走る。さすが元森林組合のドライバーである。狩勝峠の旧駅跡を探訪した時、小川をバックのまま突っ切った時はエンジンから湯気がたちのぼり、蒸気機関車みたいになった。

坪内セドリックは、無理はしないが無茶はするのだ。

トランクに残された恐怖の白箱を見た

そんな陸の王者セドリックが、あるとき尾羽うち枯らすように我が家にやってきた。気落ちした彼が言うには、東北・北海道ロケの帰りに都内に駐車した際、なんと車上狙いにあって大事なパソコンやカメラをごっそり盗まれてしまったのだという。どれどれと、トランクを開けると発泡スチロールの白箱だけがポツンと残っていた。泥棒は、これだけ置いて行ったのだ。持ちあげるとチャプチャプと液体の音がした。聞けば、三陸海岸で親しくなった地元のおばちゃんにもらった生牡蠣だという。しかもひと月も前の代物で、盗難にあった際、警察を呼んだときも「恐ろしくて開けられず」警官に中身を怪しまれたという。

根っから人懐っこい坪内さんは、どこに行っても地元の人達に愛される男で、土産にもらった諸国の産物がいつもセドリックにのっている。ある日、彼と山梨県を走ったとき、夕飯に山梨名物の「ほうとう」専門店に入ったら「あれまあ、香川から来たの！」とナンバーを見た店のおばさんが感激のあまり、ほうとうのかぼちゃをメガ盛りにしてくれた。

実は私も坪内さんもかぼちゃが苦手で、汁気を吸った丼いっぱいのかぼちゃと格闘した思い出がある。

100万キロセドリックは川を渡り、盗賊にあい、そしてかぼちゃを招き寄せる。

坪内さんに電話すると「いま熊本」の翌日に新潟に居たりする。神出鬼没のセドリックは、孫悟空が乗るキント雲のように瞬間移動する。特に2009(平成21)年、高速道路の休日特別割引(上限1000円)が実施されたときは狂ったように走りまくっていた。

おそらく、100万キロの多くを、このとき稼いだに違いない。

まるで「ドラえもんカー」のセドリック

櫻井 寛　さくらい・かん

１９５４年長野県生まれ。子供の頃より旅と鉄道を何よりも好む。鉄道員を目指し昭和鉄道高校に入学したが在学中に鉄道写真の魅力にとりつかれ写真家に転向、日本大学芸術学部写真学科卒。出版社写真部勤務の後、90年にフォトジャーナリストとして独立し現在に至る。１９９３年、航空機を使わず88日間世界一周。１９９４年『鉄道世界夢紀行』(トラベルジャーナル)で第19回交通図書賞受賞。２００７年フランス政府観光局広報大使。２０１９年、外務省「日本ブランド発信事業」で渡米。海外取材95か国。著書１００冊超。日本写真家協会、日本旅行作家協会会員。東京交通短期大学客員教授。近著に『櫻井寛のＦａｖｏｒｉｔｅ Ｔｒａｉｎｓ ぞっこん! 愛しの名列車』(天夢人刊)がある。

セドリックには数えきれないほど乗せてもらった

坪内さんとの初めての出会いは、2017（平成29）年1月13日、JR四国の観光特急「四国まんなか千年ものがたり」の報道公開が多度津工場で行われた時が、集合場所の会議室だったと記憶している。たまたま同じテーブルに並んで座ったのだ。けれどもその時は名刺交換だけで、愛車がセドリックであることは知るよしもなかった。印象的だったのは三つ揃いのスーツ姿で、いただいた名刺がきっぷ様式の「特別名刺券」だったことである。会場には他にもスーツ姿の人は、JRの関係者や新聞社の記者さんなど大勢いたはずだが、本格的なカメラマンでスーツは坪内さんのみ。それだけに、礼儀正しい人だなと強く印象に残ったのである。

坪内さんのセドリックとの出会いは、それから2年後の2019（平成31）年3月8日、場所はJR予讃線の海岸寺であった。予讃線が瀬戸内海に最も接近するポイントの一つが海岸寺～詫間間なのである。私は上り特急「しおかぜ」の車窓から、そのポイントをロケハンしていた。

と、その時、スーツ姿で望遠レンズを構えている人物が目に飛び込んで来た。思わず、「坪内さんだ！」と、膝を叩く。特急「しおかぜ」が多度津駅に到着するや否や、下りの各停に乗り換えて海岸寺駅に降り立つ。「坪内さん、まだ撮っているかな？」と、急ぎ足で撮影ポイントへ。折しもサンセットタイム。坪内さんは望遠レンズを構えてまさに撮影中だった。再会を祝し、瀬戸内海に沈む夕日と列車を撮影する。雲ひとつないサンセットだっただけに、素晴らしい写真がゲットできた。撮影が終わると坪内さんは、「お疲れ様でした。多度津駅までお送りしましょう。どうぞご乗車ください」と、パーキングへ。そのクルマが坪内さんの愛車、濃紺のセドリックで、私の初乗車となった。

その日以来、今日まで、何度乗せてもらったことだろう。もう数え切れないほどである。

セドリックの助手席に乗っていて、私が一番感心することは、針の穴を通すようなスーパー運転技術も然る事ながら、坪内さんの同乗者への気配りである。本来は助手席の私がやるべきことなのだが、喉が渇けばお茶、眠くなれば珈琲、お腹が空けばサンドウィッチなど、あたかもドラえもんのポケットのように何もかも用意されているのである。100万キロのセドリックも素晴らしいが、そのオーナーの坪内さんはもっと素晴らしい。どうぞ、ドラえもんカー「セドリック」に、末永く乗り続けてください。

「セドリック」が愛した男

やすこーん

漫画家&文筆家。駅弁・駅そば・お酒を嗜みつつの鉄道旅が好き。食べた駅弁は2200食以上。温泉ソムリエマスター取得。代表作は「おんな鉄道ひとり旅」全2巻(小学館)、「メシ鉄!!!」全3巻(集英社)、「やすこーんの鉄道イロハ」(天夢人)ほか。2024年春に新刊を出す予定。

HP↓yascorn.com

鉄道を仕事に 2015年の出会い

坪内さんと初めて会ったのは、忘れもしない2015(平成27)年。

2015年は私が鉄道趣味を「仕事」に昇華させた年だ。この年の3月にエッセイ漫画「おんな鉄道ひとり旅」が『プチコミック増刊号』(小学館)にて連載開始、8

月に「東洋経済オンライン・鉄道最前線」で「漫画家やすこーんの鉄道漫遊記」の連載がスタート。1月には勢いだけで、自分主催のイベント「女子鉄ナイト！〜女鉄道ひとり旅、さよならブルートレイン&女の鉄道の楽しみ方教えます！」を「東京カルチャーカルチャー」にて開催した。2008（平成20）年1月に寝台特急「はやぶさ」に乗ってから、全国を鉄道でめぐる旅に夢中になったものの、鉄道を語り合える仲間などはそれまでいなかった。イベントを行ったことで人脈ができ、いろいろなところに枝葉が広がって、仕事という実を結んだと言える。

同年の夏、雑誌『旅と鉄道』の増刊「青春18きっぷの夏」で、初めて紀行文を書く仕事をいただいた。前日に「大阪駅で坪内政美さんというカメラマンさんと合流してください。わからないことは坪内さんに聞いてください」そう編集長に指示されたものの、用意された旅の行程表はほぼ白紙、かなり不安な気持ちで大阪に向かったのを覚えている。

待ち合わせ場所に現れたのは、私の想像とはまったく違う、スーツを来た大柄な男性。

ショックだった。〝坪内政美〟という名前から、てっきり女性とばかり思い込んでいたのである。「まったく知らない男性と2泊3日の旅をしないとならないのか……」と更に不安になった。

なんでスーツなのだろう？　という疑問もあったが、これが鉄道カメラマンという職種の方との初めての仕事だったので、鉄道カメラマンの人は通常スーツを着ているものなのかもしれない、と勝手に解釈した。

「青春18きっぷ」の旅はワープの連続

旅のルートは、大阪駅からスタートし、JR山陽本線で岡山駅へ。四国へ渡って1泊し、JR予讃線で八幡浜、そこから船で大分へ渡り、JR久大本線を経て博多で1泊。翌日はJR山陽本線にひたすら乗って大阪に戻る、という大移動の2泊3日、18きっぷ旅の体裁だ。

「とりあえずお弁当を買いましょう」と言われ、駅で朝しか売られていなかった

「日本の朝食弁当」(淡路屋)を買う。大阪駅始発の新快速は、早めに並んだため、二人並んで座ることができた。

駅弁の写真を撮り、「どうぞ食べてください」と坪内さん。駅弁は一つしか買わなかったので、坪内さんの分は？　と思ったのだが「いや、私はいいので」と頑なに遠慮する。本当にいいのだろうか？　と訝しがりながら、私一人で全部食べてしまった。

だいぶ後に知ったのだが、坪内さんは列車に酔う体質らしい。だから車内で駅弁を食べることができなかったのだ。単に食の細い人かと思っていた。

思い起こせば大阪から岡山へ行くまでに、最初はおしゃべりしていたものの、だんだん口数が少なくなっていったような気もする。

そして岡山で快速「マリンライナー」に乗り換え、坂出で下車した。そこでついに、坪内さんの愛車「セドリック」と初対面する。

「ここからはクルマで移動します」そう言われて、最初はびっくりした。鉄道旅のルポなのだから、ずっと鉄道に乗って移動するのだと思っていた。

確かに、押さえておくべき各所での写真撮影には時間がかかる。単に旅としてなら回れるルートでも、撮影時間を考えると、時間短縮しておきたい部分が出てくるのだ。坪内さんは、この時間短縮のことを「ワープ」と呼んでいた。

今回は、まず「日の出製麺所」へ。讃岐うどんは、鉄道好きになる前から好きだったので、ここのうどんも食べたことがあった。そこから八十場の「ところてん清水屋」へ行き、多度津の今はなき、「構内食堂」で定食のランチ。この辺の行程で、実は鉄道を使わず「ワープ」していた。

そこから夕暮れの下灘駅へ。これは松山から私のみが鉄道に乗り換えて到着。坪内さんは、セドリックで列車を追いかけ、先回りし、列車の走行写真や車内から手を振る私を撮る。なるほど、そうやってクルマを使うのか、とだんだんやり方を理解してきた。

旅の行程表はほぼ白紙と書いたが、その分自由にやらせてもらった。松山では友人の漫画家・和田ラヂヲさんを呼んで登場してもらったり、広島では私の行きつけの「ビールスタンド重富」に行ったり。ほかは坪内さんが知っているお店などを頼りにルートを作っていった。

道中、坪内さんといろいろと話をしたが、鉄道の知識はもちろん、全国の道もよく知っていて、大変勉強になった。さすが年の功だなあ、と感心していたら、年下だった。

セドリックの覚え方

『旅と鉄道』でご一緒したのは、これと2018(平成30)年3月号の2回のみだが、最初の旅で親しくなり、その後、私の作品で鉄道に関してのアドバイスをもらったり、写真をお願いしたりなど、いろいろ協力していただいている。

2017(平成29)年に連載開始した漫画「メシ鉄!!!」(集英社・全3巻)は、坪内さんの協力があったからこそ、組み立てられた話がある。「おんな鉄道ひとり旅」2巻(小学館)では、「駅スタンプの旅」の回でスタンプの達人として御本人に登場してもらった。小説「のぞみ、出発進行!!」(小学館)は寝台特急「サンライズ」で香川県の琴平に行き、事件が起きる話なので、現地のコーディネートをしていただいた。

2018年の「月刊スピリッツ」5月号(小学館)では、震災から2年経った熊本と南阿蘇鉄道を、「おんな鉄道ひとり旅・番外編」として漫画に描くために、坪内さんのセドリックに乗せてもらい、現地をくまなく回った。2023(令和5)年7月、7年ぶりに全線運行再開した南阿蘇鉄道だが、その時はまだ線路が分断されていた。更に仮設住宅のある益城町なども取材したので、クルマや道路の知識がないとできない旅であり、大変助かった。

さすがにその頃には、鉄道カメラマンがみんなスーツを着ているわけではない、ということに私も気づいた。そこで坪内さんに「なぜいつもスーツなのか?」と尋ねてみた。

「鉄道に敬意を払っているので正装をしている」という理由と、「『西部警察』など刑事ドラマが好きだから」という2つの答えが返ってきた。「セドリック」に乗っているのもその影響だと言う。

確かに運転する時は黒い革の手袋をはめているし、これで黒いサングラスでもかければ、まさに刑事ドラマに出てきそうなキャラである。好きなものをここまで体現している人もめずらしい。

私も以前、日産の「マーチ」に乗っていたので、日産には親近感があった。しかしなぜか「セドリック」という名前が全然覚えられず、その度に坪内さんに尋ねていたら、イラッとさせてしまった。これはまずい、と私は名前を覚える努力をした。そうだ、似ている単語を連想して、それで覚えよう。

思い浮かんだのは「ジェネリック」。「リック」しか合っていないが、とりあえず「ジェネリック」を思い出せば「セドリック」が出てくるようになった。それ以来、「セドリック」の名前を忘れたことはない。

クルマの先端に付いていたはずのエンブレムがなくなっていたこともあった。誰かに盗まれてしまったのだという。「確か女神の形でしたよね?」と聞いたら、それは「ロールスロイス」だと言われた。まずい。またイラッとさせてしまったかもしれない。

しばらく経って「セドリック」に再会した時は、エンブレムがちゃんと付いていた。地元のセドリックファンが、ネットで見つけてプレゼントしてくれたそうだ。その時、この「セドリック」はみんなに愛されているのだ、と知った。

これからもよろしくお願いします

2023年1月にJR四国の「伊予灘ものがたり」2代目に乗車する際は、東洋経済オンラインの記事にしたい、と坪内さんに相談した。すると「伊予灘ものがたり」をはじめ、JR四国の車両デザインを多数手掛けている松岡哲也さんに話を繋げてくれた上、アテンダントもしてもらった。

おかげで、「伊予灘ものがたり」に乗車しつつ、松岡さんにインタビューさせていただけたのである。坪内さんは、それをセドリックで追いかけながら、伊予灘ものがたり名物とも言える「お手振り」(お見送り)を各所でしてくれた。本当に四国を愛し、セドリックを愛し、鉄道を愛している熱い方だと思った。

その時、すでにセドリックは走行距離100万キロに到達していたので、クルマの「999999」の並びを見せてもらった。なんと地球25周分も走っているのだという。そしてその記録は今も更新されている。

テレビのニュースで100万キロ達成したと報道されたおかげで、坪内さんとセドリックは四国ですっかり有名になっていた。

「伊予灘ものがたり」に乗っている間も、お客さんが、旗を振る坪内さんやセドリックを見つけて、「あっ！　あれ、テレビに出てた人！」とか「有名な鉄道カメラマンさんでしょ？」と指をさす。セドリックが「伊予灘ものがたり」を追い越して行くのが見えた時には「おおっ！」と拍手も起こった。大人気である。

私は何度もセドリックに乗せてもらう機会があったが、そんなすごいクルマとはわかっていなかった。そしてその距離を運転してきた坪内さんも本当にすごい。

「物には心がある」と常々考えている私だが、まさにこのクルマと坪内さんは、お互いに「相棒」という信頼しきった仲なのだ。気持ちが通じ合い、昼夜問わず一緒に過ごし、時間と場所を共有する。

ふと、矢野顕子さんの「SUPER FOLK SONG〜ピアノが愛した女。〜」というドキュメンタリー映画を思い出した。矢野顕子さんがピアノを選んだわけではなく、ピアノが矢野顕子さんを選んだのだ、というタイトルの意味には当時ドキッとさせられた。

坪内政美さんとセドリックの関係も、これと同様なのではないか。日すでに高齢となった相棒「セドリック」のご機嫌を取りつつ、これからも共に、日本全国を走り回ってほしい。そしてたまに乗せてもらえたらうれしいな、と思うのである。

2代目「伊予灘ものがたり」に車両デザインを手掛けた松岡哲也さんと乗車（2023年）

本村川橋梁にて、車を止め、「伊予灘ものがたり」に向かって「お手振り」をする坪内さん（2023年）

千丈駅近くのガソリンスタンドにて、セドリックの屋根に上り、大漁旗を振ってお見送りする坪内さん（2023年）

それいけ！　坪内さんと「セドリック」

谷口礼子　たにぐち・れいこ

神奈川県生まれ。舞台俳優・ライター。銚子電鉄制作の映画「電車を止めるな！」蔵本陽子役。舞台出演作品多数。旅をしながら演劇を楽しめる「ローカル鉄道演劇」に参加。『旅と鉄道』『バスジャパンハンドブック』などに旅の紀行文を執筆している。

セドリックは生きている。これからも元気で走ってね

「やあセドリック、元気にしてた？」と話しかけて、座席をなでる。手触りのいい灰色のモケット生地が張られた座席。天井も灰色のモケットで居心地がいい。ちょっとしたネコバスみたいだ。

坪内さんと待ち合わせする駅前では、セドリックがロータリーに姿を現した瞬

間から、「来た！」と興奮してしまう。明らかに存在感があるし、動きのキレが他のクルマと違うから。あの登場シーンは毎回最高だ。

屋島の上から見た夜景、きれいだったね。祖谷のかずら橋、一緒に行ったね。豊橋鉄道田口線や、尾小屋鉄道の廃線跡にも連れて行ってくれた！セドリックはどこへでも連れて行ってくれる、魔法のクルマだ。

香川ナンバーなのに全国のいろんな場所で、まるで自分の場所のように堂々としている。駐車場に並んでも、他のクルマがなんだか遠慮しているように見えてくる。セドリックの存在感がすごいからだ。地元の人が「あれ、香川ナンバーだよ！」と驚いているのを何度も見た。わけを知っている私は、そっとほくそ笑んでいる。

平成初期の生まれだからわりと古風なところがあって、目（ヘッドライト）がLEDじゃない。ランプだ。スーツ姿がトレードマークの坪内さんが、いつも黒い革の指ぬき手袋をしているので「カッコいいですね」と言ったら、セドリックのハンドルが、握りすぎてツルツルになってきたから、滑らないように手袋をするのだって。激しくハンドルを切るときの坪内さんの手さばきは、なんたってカッコいい。手袋をした手が交差してハンドルをバシッと握る。あの音がカッコいい。セドリックはそれに合わせてキレよく方向を変えるんだ。

セドリックは普通のクルマよりバックがうまい。バックするときの独特の、ベルトが滑らかに巻き上がるみたいな「ウィーン」という音がすごい。あ、バックがうまいのは坪内さんだ。坪内さんの運転がうまいんだ。周りに人やクルマのいない細いあぜ道や林道なら、結構な距離をバックで帰れる。私はバックであんなに長い距離を走るクルマをほかに知らないけれど、バックするクルマに安心して乗っていられるのは坪内さんの運転だからだ。

坪内さんはセドリックを脚立代わりにしてその上に立って写真を撮るので、最初にクルマを選ぶとき、クルマ屋さんに行って、駆けあがりやすいクルマを探したそうだ。そのお眼鏡にかなったのがセドリック。だからセドリックの背中はなだらかで丈夫だ。「いくらだって駆けあがってください」というふうに、目を光らせながらじっとしている。セドリックは辺りを照らして撮影のアシスタントだってしているんだ。

私が鉄道に乗って、坪内さんがその走行シーンを外からカメラで狙うという手法も何度も挑戦させてもらった。車両の窓に張り付いて、「坪内さんのこと、見つけられなかったらどうしよう」と失敗におびえていても、心配ご無用。セドリックと坪内さんは百発百中で目に留まる。田んぼの中の一本道に止まったセドリックの上から、黒の指ぬき革手袋ででっかい望遠レンズのカメラを構えたスーツ姿の坪内さんが、仁王立ちでこっちを狙っている。まるでスナイパーだ。自然に私はニヤケてしまって、やがて笑顔になってしまって、思っていたよりも大きく手を振っちゃったりなんかする。撮影は大成功。それもこれもセドリックのおかげだよ。

セドリックのトランクは四次元ポケット。私はセドリックから取り出された『新幹線大爆破』のDVDを鑑賞させてもらったことだってある。傘もお菓子も本も出てくる。坪内さんが「あれ、どこへしまったっけ」なんて言っているところを見たことがない。「ありますよ」―スッ。「これどうぞ」―スッ。

セドリックとはいつも別れがたい。「またね、元気でね」と言って、降りてから座席をまたなでまわして、セドリックも写真を撮ってしまう。セドリックと坪内さんが仲良しなのがいつも嬉しくてたまらない。仲良し、というか、無二の親友、というか、そう、相棒だ。坪内さんが徒歩で歩いているとなんだか物足りない気がする。……あ、坪内さんごめんなさい。

また、セドリックと坪内さんに会いたくてたまらなくなってきました。

『旅と鉄道』取材の際、北陸で、ライターの松本典久さんと。坪内さんは影で映りこんでくれました！（2019年）

一人と1台の〝相棒〟。時にはホテル、時には高台。紡ぎ続けた16年間

伊藤　桃　いとう・もも

青森県出身。タレント・鉄道タレント。タレント活動の傍ら趣味の鉄道旅を生かし、現在は鉄旅タレント、ＹｏｕＴｕｂｅなどでも活躍中。２０１６（平成28）年ＪＲ全線完乗。２０２２（令和４）年９月23日には、西九州新幹線開業後の「最長片道きっぷ」新ルートを実際に踏破した第１号者となった。

坪内さんとセドリック、この一人と１台の関係はいうなれば〝相棒〟だった。私が撮影でお世話になったのはつい先日、『旅と鉄道』の山陰旅行特集の取材にて。鉄道がメインの撮影ではあれども、その合間は坪内さん自身が運転してくださる。白い手袋をつけて、いつもニコッとドアを開けてくれる紳士的な方だった。

編集部の方ともども恐縮もしたが、何よりもおもてなしの気持ちがある方なのだな、と感じた。

それゆえ、セドリックには様々なものが積まれている。坪内さんの著書を始め、周辺のパンフレットなどなど……。乗車中も飽きないようにという粋な計らいだ。セドリックもそんな坪内さんに応えるように、私たちを乗せて山陰の町を走っていた。

クルマのことはまったく詳しくないけれど、一つひとつ丁寧にさわるその所作に、セドリックへの愛着を感じる。100万キロ、そして16年を共にするというのはどんな気持ちになるのだろうか。撮影時は車内で寝泊まりすることもあるという。そしてセドリックはお立ち台にもなる。より高台からの写真を撮るため、セドリックに登って写真を撮るのだ。実際私もそうやって撮影していただいたが、ユニークなその姿に思わず満面の笑みとなった。

新たな〝心臓〟を得て、また走り出したセドリック。これからも、坪内さんとの時間をたくさん紡いでいってほしい。

ホスピタリティと夢がつまった「セドリック」

小倉沙耶　こくら・さや

鉄道アーティスト・鉄道コンテンツアドバイザー。２００１年より鉄道に関するイベント・メディア出演や執筆などの活動を開始。２００９年より明知鉄道観光大使。２０１３年より都市交通政策技術者。２０２２年より一般社団法人交通環境整備ネットワーク審議役を務める。好きなものはタンク車と気動車、古レールと駅そば。

どこでセドリックが見えるか、ドキドキしながら待ったことも

いつからでしょう。四国内の列車に乗っているとき、自然とセドリックの姿を探すようになったのは。いつからでしょう。四国内の様々な列車が節目のとき、自家用車を走らせながら、車列の数台前にいるセドリックを見つけてニヤリとす

るようになったのは。

最初にお目にかかったのがいつだったのか思い出せないほど、撮影の道端や取材時などで度々お会いしている坪内さんとセドリック。なかでも一番印象に残っているのは、『旅と鉄道』増刊の「青春18きっぷ」をつかった旅プランの取材で、初めて坪内さんにカメラマンとして同行してもらったときです。朝5時に大阪駅で待ち合わせ。

「いつも沿線でお会いすることが多かったから、こうやって駅からご一緒に列車に乗るのはなんだか不思議な気分です」

と私が申し上げると、

「そうですね。でも向こう（取材地）にクルマを置いてあるので安心してください」

という驚きの言葉を発し、坪内さんはニッコリ。取材は山陰本線や伯備線などを2泊して巡る予定で、既に山陰側へとセドリックを回送していたのでした。旅プランを消化しつつ、観光スポットなどの取材時にセドリックも大活躍。このと

きは鉄子ではない一般の友人女性とのペア旅だったこともあり、彼女が
「すごーい！　タクシーみたい！」

と大興奮していたのを思い出します。車内はドアポケットにさりげなく入っている乗車の心得やクスっと笑えるグッズが仕込まれているなど、乗車している人をワクワクさせて飽きさせない仕組みが完璧で、坪内さんのホスピタリティと夢がつまった空間だと改めて感じた次第です。

そして、スーツ姿と共に坪内さんの代名詞となっているセドリック屋根に上っての望遠撮影。私は普段通り、その軽やかな身のこなしを眺めていたのですが、友人はまず呆気にとられ、その後大爆笑。

「鉄道好きの人って、みんなこうやって撮影するんですか？」

という質問に、慌てて首を横に振ったのを思い出します。

そんなエピソードがあっての、私と友人が乗車した列車の走行写真撮影。

「○○の区間で撮影しますから、笑顔で手を振ってくださいね」

いったいどこでセドリックが見えるのか。ドキドキしながら友人と

「そろそろだよね。窓を開けようか」

と、涼しい風を浴びながら辺りをキョロキョロ。そして見えた定番スタイルに
「いたーっ！」

と大きく手を振ったのでした。作りものではない本物の笑顔は坪内さんの撮影テクニックにより無事写真として納められ、誌面に掲載。今でもあの時の興奮をありありと思い出します。

自動車って、乗っているうちにどんどん持ち主に似てくるものだと思っています。坪内さんのセドリックは、彼を体現したかのような存在。飄々とした身なりと快適な乗り心地。だから、見かけるといつも笑顔になれる。一冊の書籍になるのも納得です。

坪内さんのセドリックが生まれた1997（平成9）年は、私が高校通学で利用していた豊橋鉄道渥美線が600Vから1500Vに昇圧された年。鉄道ファンがつめかけ、私が鉄道趣味を意識するきっかけにもなりました。自分が女子高生だった頃から活躍していたのかと思うと、相棒としてずっと乗りこなしてきた坪

内さんの現在の胸中はいかばかりか。実は、セドリックと並んで走ったこともある我が家の６ＭＴ車も結構なお歳でして、より長く付き合うコツなどをこの本で学びたいと思います。

本質は「セドリック」か坪内さんか

蜂谷あす美　はちや・あすみ

1988年福井県福井市出身。旅の文筆家。慶應義塾大学商学部卒業後、出版社勤務を経て、現在に至る。〝旅は再訪のための下見〟を旅のモットーに、2015(平成27)年1月にJR全線完乗。雑誌『鉄道ジャーナル』で「わたしの読書日記」を、福井新聞で「乗り鉄・蜂谷のいつもリュックに時刻表」を連載中。そのほか鉄道と旅を中心としたエッセイや紀行文などを数多く執筆。最近はラジオをはじめトークでも活躍。著書に『女性のための鉄道旅行入門』、『もっとお得にきっぷを買うアドバイス50』(いずれも天夢人刊)がある

ときどき三脚と化す香川ナンバーの車

――セドリック見かけたぞ。

これは本州で生まれ育ったにもかかわらず、四国の鉄道への愛情が溢れすぎ、就職しようが結婚しようが子どもも生まれようが月に一度の四国詣でを欠かさないくらいの鉄ちゃん友達と私の間でのみ通じる符丁だ。ここでの「セドリック」が車種を示すものではないのは、本稿掲載先の特質を踏まえれば自明だろう。

セドリック……ではなくて坪内さんに初めてお目にかかったのは横浜の中華料理屋だった。およそ10年の時を遡る。メガネにスーツ、そして胸元をくつろげたシャツからネックレスをのぞかせた男性は「鉄道カメラマンをしている」と正体を明かした。おぼろげな記憶を思い起こすと、編集者やライターの集まりであったことから、そうした職業に対する私の反応は薄く、目の前の餃子に夢中になっていた気がする。

印象が大きく変わったのは、ひとしきり食べ尽くし、会計も済み、解散モードになってからだ。首都圏住まいの者たちは、本来ならば桜木町駅に向かうべきところ、なぜか駐車場に移動した。周りは年長者なので、「桜木町駅から帰りますんで!」と私だけ別れるわけにもいかず、ついていく。そこで香川ナンバーのセドリックと対面した。正直なところクルマに対しては「動けばなんでもいい」と思っているので、「ずいぶんクラシックな乗用車だな」程度の感想しか出てこなかったのだが、漏れ聞こえる会話から、坪内さんがこのクルマで全国を回っていることが判明。「こっ、このクルマで!?」と驚くに至った。

そして「駅スタンプを作るのが趣味で」といいながら自作スタンプを後部座席から取り出し、押印の儀が執り行われた。不思議な夜だった。

このときの「全国を回っている」を実体験とともに知ることとなったのは2019(令和元)年10月のこと。私は『旅と鉄道』から仰せつかり、地元・福井のローカル線、JR小浜線で臨時運行するレストラン列車「くろまつ号」を取材することになった。ご一緒するカメラマンが、この坪内さんだ。食事を楽しみつつ、取材メモを書きつけ、そして写真を撮られた。ここまではルポもの(カメラマン同行バージョン)の普通の流れであった。様子がおかしくなったのは、その夜に行われた関係者向けのレセプションまでの空き時間だ。小浜駅で二人下車したのち、坪内さんは消え、ほどなくして横浜でかつて見たセドリックが本当に現れた。

「さあ、どうぞ。デートみたいなもんですから」

と言われ、案内されるままに助手席に着座。そのまま「くろまつ号」の撮影、さらには沿線の有名駅舎に連れていかれた。どのあたりにデート要素があったのかは、今もよくわかっていない。ただの鉄ちゃん二人組である。

ところで、坪内さんとセドリックの組み合わせに、唯一無二のフォーメーションがあるのを皆さんはご存じだろうか。JR小浜線取材の翌日には、近隣で運行されるレストランバスの取材を行った。ただし坪内さんは、外観撮影のために別行動。オープントップのバスは、三方五湖の景色を見せながら、若狭路を駆けていく。坂道を上り、そしてカーブを大きく曲がり、果たしてその先の路肩に出現したのは、セドリックの屋根に乗り、カメラをこちらに向けるスーツ姿の坪内さんだった。バスに一緒に乗り込んでいた地元の高校生たちは、どよめく。私はちょっと感動する。というのも、すでにこの時点でセドリックと坪内さんの関係性をある程度理解していたし、本気モードのときには一心同体のお立ち台フォーメーションを組むらしいと伝聞形式で知っていたためだ。「これが噂の三脚セドリックか〜」とわずかな遭遇の間に、じっくり眺めた。

最後にセドリック（と坪内さん）のお世話になったのは、2023（令和5）年2月。小雪ちらつく冬の敦賀駅前に、もはやおなじみとなりつつある香川ナンバーのセドリックがやってきた。このときは編集部も同行の3人旅で、後部座席にも座らせていただいた。「蜂谷さん、これよかったらどうぞ」と渡されたのは、走行距離100万キロを記念したシールだった。この記録的走行距離に関しては、新聞取材、さらに仲間からの祝福を受けたそうで「そんなことせんでええって言うのに」と坪内さんは語る。字面だけを見ると非常に硬質な雰囲気だが、本当のところはにっこり顔だった。座席の隙間から確かに目撃した。

ここまでの原稿を読み返してみると、「坪内さん」のことを書いているのか、はたまた「坪内さんのセドリック」を書いてあるのかが、わからなくなる。鉄ちゃん友達との間で「セドリック」は、坪内さんのことを意味しているつもりでいたのだが、実は私の早とちりなのかもしれない。本質は、そして本体は、坪内さんなのか、坪内さんのセドリックなのか。セドリックに乗っていない坪内さんを、もはや当人として認識できない段階にまできている。

小浜駅前で「さあどうぞ」と助手席へのエスコート（2019年10月）

カーブを大きく曲がった先で三脚セドリックが現れた（2019年10月）

拝啓「セドリック」殿

松岡哲也　まつおか・てつや

愛媛県松山市出身、鉄道事業本部営業部ものがたり列車推進室長兼お客様サービス推進室デザインプロジェクト担当室長、一級建築士。大学で建築を学び、1991年にJR四国に入社。高松車掌区から工務部を経て一時出向した四国開発建設ではJR高徳線・志度駅新築工事などの現場監督を務めあげた。再び工務部に戻ると高松港頭地区開発推進室で第四代となる高松駅の新築に従事、その後高知駅舎などの新築計画にも関わってきた建築デザイナー。

乗ったことで感じた〝魂の叫び〟

エンジンリニューアルバージョン、栄えある三人目の搭乗者とさせていただきましたJR四国の松岡です。

貴殿の１００万キロ走破の栄誉が、書籍として歴史に刻まれること、そのシートにおさまったことのある人間として、私事のように嬉しく思っております。

私も、ＪＲ四国の特急列車や観光列車のデザインするという形で、メカに関わる仕事に携わっています。その多くは、数十年走り続けてきた車両の装いを新たにする案件で、メカの姿を変える責任ある役目を任せてもらっています。重責に押し潰されそうな時もあるのですが、メカ達がこの先も新たな気持ちでイキイキと走り続けてくれるようにとの想いを込めて、頑張らせてもらっています。

メカを漢字で表記しようとすると「機械」となりがちですが、私は「動物」が適切でないかと考えています。電磁力や化学反応を動力エネルギーにする、まさに動く物ですし、そのエネルギーを駆け巡らせている部品のひとつひとつは生き物の臓器や細胞のようでもあります。そしてその動くメカには、使ってくれる沢山の人の気持ちや、メンテナンスする人の愛情が注がれています。それらを受ける器でもあるメカには、メカ自身の魂が宿されているようにも感じられます。

１００万キロ走破した貴殿に乗せて頂いた時、御主人様「坪内氏」とも共鳴しあう、魂の叫びが伝わってまいりました。

貴殿と坪内様の人智を超越した関係性は、メカと仕事をするものにとってのあこがれであり、私もメカと魂がシンクロできるよう昇華して、貴殿に負けぬよう、ＪＲ四国の車両達と共にこの先何十年も駆け続けていきたいと思います。

また、あと10年もすれば、日進月歩で進化するメカ技術を鑑みるに、車は当たり前のようにトランスフォームするようになるのではないかと予見しています。そのリニューアルの際は、ロボ変形時のデザインを是非やらせて頂きたいと存じております。私のデザインを選んで頂けるよう、その日を夢見て設計デザインのスキルアップに精進してまいりますので、セドリック様も元気に走り続けていって下さい。

「気配りの人」の100万キロを祝う

福家　司　ふけ・つかさ

1961年生まれ。朝日新聞高松総局記者。地方勤務の全国紙記者として広島、徳島をはじめ、西日本の支局を転々とする。2020年、中学、高校時代を過ごした香川県高松市に転勤し、念願かなって「交通担当」に。還暦を過ぎてもJRや私鉄、航路、バス、航空など幅広く取材中。

100万キロとはどの程度ニュース性があるのかわからなかった

まだ夜も明けやらぬ午前5時、香川県高松市内のコンビニ駐車場に、濃紺の日産セドリックがさっそうと姿を現した。助手席に乗り込むと、運転していたスーツ姿の男はホットの缶コーヒーを差し出して「どうぞ」。

坪内さんとの出会いは、私が四国のへそ、徳島県三好市にあった朝日新聞三好支局（現在は廃止）に勤務していた2014（平成26）年のことだ。支局を訪ねてきた坪内さんは、「今度、大歩危のホテルに鉄道部屋を作るんですが、一度取材にきてもらえませんか」と切り出した。そのときは、こんなに長くお付き合いすることになるとは、正直思わなかった。

以来、四国各地を中心に鉄道をはじめ、ときにはバスや船まで、同行した取材は数知れない。というより、取材はいつも「福家さん、こんなのあるんですが」という坪内さんからの電話で始まる。そして「よかったら、一緒に行きますか」とお誘いがあり、あのセドリックで連れて行ってくださるのだ。

冒頭のエピソードは、DMV（デュアル・モード・ビークル　線路と道路を走れる乗り物）で有名な四国の右下・阿佐海岸鉄道へ行ったときのものだ。ほかにも、愛媛県のJR予讃線（海回り）で観光列車「伊予灘ものがたり」を追いかけたこと、坪内さんがライフワークで続けている全国の駅へのスタンプ寄贈に同行して岡山県のJR伯備線井倉駅に行き、途中国鉄色に復元された特急「やくも」などを撮影したこと、さらには引退した高松琴平電気鉄道（ことでん）のレトロ電車の市内企業への譲渡を徹夜で追いかけたこともある。

長時間のドライブで、助手席でついうとうとしてしまっても、文句一つ言わない。それどころか、徹夜取材のときは、「列車が来る前に起こしますから、（車の中で）寝ててください」と言って、車内に常備してあるのだろう毛布を出してくれる。列車を追いかけたときは、地元の人しかわからないような抜け道を迷いなく通り抜け、いつの間にか列車を追い抜いて撮影ポイントに着いている。運転テクニックは相当なものだ。そんなときも最後に降り、脚立を持ってきて「これに上がって撮れば」と勧めてくれたりする。撮影以外でも食事や休憩の場所もちゃんと頭の中に入っていて、地元のものを安く食べられる店に案内してくれる。食後は、必ず同行者全員分の食器を重ね、下げてから店を出る。あるとき、うどん店で厨房に入って皿洗いを手伝い始めたのにはびっくりした。とにかく「気配りの人」なのだ。

そんな坪内さんから、「1月になったら（クルマが）100万キロになりますので、よろしくお願いします」といつものように電話があったのは2022(令和4)年の12月下旬のある日。乗用車の走行距離100万キロとはどの程度ニュース性があるのか、まったくわからなかったが、あまり深く考えず、セレモニーをするという香川日産の本社工場に赴いた。

セドリックはすでにピットに入っていて、エンジンを回してもクルマが走らないようにする装置があることを知った。「ブーン、ブーン」とうなりを上げるエンジン。メーターには100万キロ台の桁(7桁目)がないので、もしかしたら000000に戻るかも、と聞いていたが、車輪をいくら回転させても、999999までで止まったまま。「メーターは動かないみたいです」と少し残念そうな坪内さん。それでも、香川日産の整備スタッフで長年、故障がちの車を粘り強く修理してこられた中島さんのお話をお聞きして、この方がおられたからこその100万キロだったのだと強く感じた。香川日産が感謝状まで贈るという異例の対応に、「もしかしたら、すごいことかも」と感じ始めた。

翌日、朝日新聞香川版の下のほうに2段の小さな記事が掲載された。「鉄道撮

影の相方　走行100万キロ　97年式日産セドリック」。地方版にはよくある記事、という扱いだ。ところが話はここからだった。昨今の新聞記事は朝日新聞デジタルにも転載されるものが多い。地域面（香川版）のページに掲載されたデジタルの記事を見た編集者が「面白い」と、香川版のページから表紙（全国版）に「格上げ」した。するとすぐに大きな反響があり、アクセス数でもその日のトップを独走。ヤフーニュースにも転載されて、さらに人気に火が付いた。

それだけでは済まなかった。4月にセドリックの初代エンジンが力尽き、交換されることになったと連絡を受けた。そのときの記事も香川版に掲載され、デジタルに転載された。その際、リンクが張られていた1月の記事が再度爆発的に読まれ、今ではすでに70万アクセスを超えている。一般の記事なら1万アクセスでまずまず読まれたといえ、誰でも知っているメジャーなニュース以外では10万アクセス超えは珍しいと言われる中、私のデジタル配信記事では断トツで最高のアクセス数となった。なぜこれほどアクセスが伸びたのかは今も謎だが、コメント欄には祝福と驚嘆の声があふれていた。

それでも、これだけは言える。このクルマのオーナーが坪内さんでなければ、決して100万キロの偉業達成はなかったということだ。長年全国を取材旅行で走り回ってきた坪内さんの「気配りの人」ならではの「相方」への気遣いと愛情が通じたからではないのか。そして、これからも、この車の命ある限り走り続けてほしいと願っている。

私が出会った100万キロの男

山下文子《やました・あやこ》
NHK松山放送局、委託記者。2012年から宇和島支局を拠点として地域取材に奔走。取り上げるニュースは鉄道のみならず、クルマやバイク、昭和生まれの乗り物など多岐にわたる。実は覆面レスラーをこよなく愛するという一面も持つ。

坪内さんの撮影に向かうセドリックはまるで愛馬のよう

かれこれ、10年ほど前、坪内さんに出会ったとき、愛車セドリックのメーターは44万4444キロのゾロ目だった。あれから時がたち、鉄道取材の現場で遭遇するたびにその数字は更新しつづけ、2023(令和5)年1月、ついに一本の電話が鳴った。年始の挨拶もそこそこに「99万9990キロを超えました」と坪内さんからだった。まちがいなく100万キロという大記録が目の前に迫っていた。

鉄道カメラマンという仕事が、全国津々浦々、線路のあるところに赴くであろうことは想像に難くなかった。しかし、坪内さんの移動距離は常人ではない。1週間もあれば、1000キロいや3000キロなどあっという間に走行しているのだ。坪内さんのカメラマンとしてのキャリアは20年以上、強いて言えば子どもの頃から鉄道写真を撮影していたのだからもう人生そのものと言ってもいい。たかだか、この10年ほどしか鉄道取材をしていない私からすれば、専門家いや師匠と言っても過言ではない。四国の鉄道を取材する中で、話を聞ける貴重な人物である。なんといっても、撮影場所に迷いがない。長年、四国の鉄道を見てきたということもあろうが、セドリックのカーナビを見ているのかいないのかわからないが、線路の軌道を見極めて、瞬時にその場所へ行き、画角を決める。そのスピードたるや、列車の通過時間の1分前でもそこへたどり着いた瞬間、REC(録画)ボタンを押せる体勢になってしまうのだ。私は、坪内さんに言われるがまま、脚立を据え、カメラを設置するのだが、もたもたしようものなら、列車は通り過ぎていく。その手際のスピード感は、一緒に撮影するたびに修行のようだと感じていた。一瞬をとらえるカメラマンという仕事に向き合う姿勢は真剣で厳しい。気の抜けた態度でいようものなら、すぐに檄が飛ぶ。線路際はもちろん、道路や敷地など撮影環境への配慮も怠ることはない。四国の鉄道は、1回撮影を逃すと次のチャンスがない、というほど運行ダイヤに振り回される。

坪内さんはいかに効率よく撮影できるかを、ダイヤを見て確認し、それを頭にインプットし、上りも下りもどこで撮影すればいいかを的確に判断している。セドリックは、まるで坪内さんの愛馬のように、北へ南へ東へ西へ、自在に向きを変えて撮影地へゆくのだ。

沿線の人々をとりこにしてしまう坪内さんの男気

JR予土線をはじめ、JR予讃線、伊予鉄道など、とりわけ愛媛県内の撮影では同行することが多く、何度も助けてもらっている。そのたびに、その動きの良さに驚き、到底まねできない所業だと感心せざるをえない。予土線については、早朝の撮影でたびたび夜が明ける頃にご一緒したことがあるが、四季を通じてその沿線の美しさを、そこで暮らしていながらも、坪内さんに撮影に連れ出してもらわなければ、出会うことがなかったのではないかと思うことがある。人もまた同じだ。沿線で撮影していると、地元の人たちに声をかけられる。そのたびに、丁寧に挨拶をして顔見知りになっているのが坪内さんだ。もちろん、セドリックを脚立代わりに撮影しているスーツの男は、ＪＲ予土線のような田舎で見つけると一気に有名人になるが、それもまた武器にしては沿線の人たちをとりこにしてしまうのはもはや天性である。昭和の刑事ドラマと任侠映画の男気は、坪内さんの撮影スタイルには欠かせないのであろう。

観光列車の撮影もともにしたことがある。伊予灘沿いを走る「伊予灘ものがたり」は、食事ができるＪＲ四国初の観光列車で、運行開始から常々取材を続けている。この列車の最大のおもてなしは、沿線住民によるお手ふりである。ゆっくりと走る列車は、沿線地域にとって元気づける存在でもあり、住民たちはそのお手ふりを楽しみに、また乗客も見ず知らずの地において、こんなにも歓迎されることにいつも笑顔があふれている。坪内さんも撮影に来ていることがあり、よく車内で撮影していると車窓にセドリックが並走してそのままお手ふりスポットに紛れ込んでいる様子を目にすることがある。タヌキの着ぐるみを着たり、大漁旗を振ってみたり、よくもまあ撮影の合間におもてなしまで参加できるものかと、その行動力に驚かされる。その間もちゃっかり撮影しているのだからさすがプロフェッショナルだ。

奇跡の出会い、そして新しい整備拠点が松山に誕生した

100万キロに到達して、2カ月ほどでエンジンが悲鳴を上げたと知らせが入った。修復は不可能だというではないか。ワンエンジンで、16年間苦楽をともにした相棒との別れは胸を裂かれるほどの思いだと漏らした。情に厚い坪内さんは、機械とはいえ、相棒の心臓部を取り替えるという苦渋の決断を下すしかな

かった。エンジンの交換にも立ち会い、その日は私も終日同席した。幸い、工場でその一部始終を見学させてもらえたため、取り出したエンジンとも対面することができた。坪内さんは、慈しむようにエンジンを眺め、写真を撮り、そしてそっと触れて「おつかれさん」と語りかけていた。いくつもの部品の集合体であるエンジンは、各部分のホースが取り除かれ、ぽつんとそこにあった。経年劣化によるさびは見られたものの、そのエンジンはどこが故障したのかわからないほど美しかった。

2台目のエンジンを載せてまもなく、相性が良くなかったのかまた不具合を起こした。2台目のエンジンを載せ、坪内さんと再び撮影をともにする日がやってきた。そんなある日のこと、「クルマの調子が良くない、きょうの撮影は難しそうやな」と連絡が入った。JR予土線の取材だったが、駆けつけてみるとクルマから大量のオイルが漏れていた。セドリックは愛媛県鬼北町の国道の路上にあった。あいにく近くのディーラーや整備工場が対応できずにいたことから、松山市のディーラーに連絡をした。気持ちよく対応してくれた先に、奇跡の出会いがあった。

ディーラーの工場長が、大の刑事ドラマファンだったのである。坪内さんとたちまち話が弾み、聞けば父親も坪内さんと同年代のセドリックに乗っているというではないか。「いつか一緒に並んで走りたいですね」と意気投合。修理は、ホースの取り替えで事なきを得たものの、工場長との出会いにより、坪内さんは愛媛にも心強い整備の拠点ができたことを喜んでいた。工場では、店長をはじめ整備士たちも100万キロ走ったセドリックに興味津々で、それはもう歓待してくれた。もともと古い車を大事にする客が多いという。このディーラーは坪内さんがクルマをいかに愛しているか心から理解しているのだ。私はこの一部始終をカメラに収め、ニュースで報道させてもらった。過去3回、松山局のホームページに坪内さんの記事を掲載させてもらったが、載せるたびに反響が大きかった。「まるでドラマのようだ」「愛情がすごい」「どこまでいけるかこれからも乗り続けてほしい」などと好評を得た。

坪内さんに鉄道撮影を学んだだけでなく、こうして取材対象者として縁をもらった私は運がいいと思う。出会おうと思って出会える男ではないからだ。いや、もしかしたら日本のどこかで出会えていたのかもしれないが、こうして100万キロのクルマと100万キロの男のドラマを目の当たりにできたことは幸運だと思っている。

助手席に座り、セドリックへの愛情を注ぐ様を見ていると、クルマと人はここまで人生をともにできるのかとうらやましくなるのである。

「セドリック」のはんぱないオーラがみえています

すまいるえきちゃん

ＪＲ四国にいそうろうしている、ファンシーピンク色の駅舎妖精。いつもＪＲ四国ライトブルーの列車妖精の れっちゃくんと一緒にいる。特技は列車並走おてふりダーッシュ。好きなことはみんなのにっこりとふれあうこと。ハートフルステッキで笑顔の魔法をふりまき、みんなをほっこり笑顔に変えてくれる。

しゃしんとってもらえるの、とってもうれしいです

すまいるえきちゃんです。

ジェイアールしこくで、おもてなしキャラクターのおしごとをはいめいさせていただいている、すまいるえきちゃんです。

つぼうちさまにおかれましては、いつもいつも、ジェイアールしこくをおうえんしてくださりまして、まことにありがとうございます。

れっちゃくんといっしょに、ものがたりれっしゃや、ふぁんふぁんトレインをおっかけおてふりするのは、とってもたのしいおしごとです。れっしゃのおきゃくさまや、えんせんのみなさまがニコニコと、てをふりあっているところにまぜていただくのは、とってもしあわせなきぶんになれて、このせかいにこれてよかったなーと、じんじんしみじみしています。えきちゃんは、まほうでたくさんのひとをえがおにするしめいをうけて、ようせいのせかいから、にんげんのせかいにきたのだけど、とくべつなまほうをかけなくても、れっしゃがはしるだけで、みんなすまいるになれるにんげんかいって、ほんとにすばらしいところだなっておもいます。

そんなえんせんに、びゅーっとあらわれて、ぱしゃぱしゃってして、ぎゅーんとさっていって、つぎのえきにもしゃきーんといらっしゃる、つぼうちさんにおあいできるのも、おもてなししゅっちょうのたのしみです。えきちゃんもしゃしんぱしゃぱしゃしてもらえるの、とってもうれしいです。そしていっしょにしっそうしているセドリックからまきちらされる、はんぱないオーラが、えきちゃんにはみえていて、すげーマシーンだとかんじていたのですが、ひゃくまんきろはしってるとしって、なっとくしたしだいでした。

でんせつのセドリックにのせていただいたしゃしんは、ようせいかいのかぞくやともだちにもおくって、むっちゃじまんしちゃいました。ようせいかいでも、けっこーザワザワなことになっています♪

で、たいへんあつかましいおねがいなのですが、つぎのしゃけんのさいは、えきちゃんがのったじょうたいで、なんとかしゃけんをとおしてください。

いっしょにびゅびゅーんできるの、わくわくまっています♡

すまいるえきちゃん、れっちゃくんと
つぼうちさんのセドリック

あとがき

いかがでしたか？

アノ100万キロは、ハンドルを握ってきた私の記録ではなく、

様々な人に関わってもらい、支えてくれたことで達成することができた、

感謝の証明だと思います。

ここに改めて、整備に奔走してくださった香川日産自動車・中島明巳さんをはじめ

整備士の皆さん、愛媛日産自動車の皆さん、全国でお世話になった日産の皆さん、

あのクルマに引き合わせてくれたエクセレントの四宮隆雄さん、

香西タイヤ工業所の谷　孝則さん

シンツ石油プラザ弁天町ＳＳの西川久志さん

そして、ご乗車いただいた大切な方々……

皆様に多大なるご協力をいただきましたこと、厚く御礼申し上げます。

最後に

あのセドリックが意志をもった生き物に見えてきませんか？

あなたも一生付き合える、最高なクルマに出会えますように。

つぼうちまさみ

Profile
坪内政美（つぼうちまさみ）

1974（昭和49）年生まれ、香川県在住。いつでもどこでもスーツで撮影に臨む異色の鉄道カメラマン・ロケコーディネーター。各種鉄道雑誌などで執筆活動もする傍ら、テレビ・ラジオにも多数出演。四国の町おこしを目的とした貸切列車「どつぼ列車」の運行や、全国約20駅にも及ぶ駅スタンプの製作・寄贈、鉄道関連のプロデュース・アドバイザーなども行っている。その活動は全国に及ぶが、鉄道カメラマンなのに乗り物酔いするため、愛車のセドリックの走行距離が100万キロを突破。その様子がNHKなどのニュースとなり話題に。著書に『鉄道珍百景』・『もっと鉄道珍百景』・『駅スタンプの世界』（いずれも天夢人刊）などがある。

STAFF
編　　集　真柄智充（「旅と鉄道」編集部）
デザイン　安部孝司
写真協力　川田英登・宮武恒平・西本篤司・白井崇裕・山下文子・
香川日産自動車・さかなやデザイン

100万キロ走ったセドリック

2024年1月21日　初版第1刷発行

著　　者　坪内政美
発 行 人　山手章弘
発　　行　株式会社 天夢人
〒101-0051　東京都千代田区神田神保町1-105
https://www.temjin-g.co.jp/
発　　売　株式会社 山と溪谷社
〒101-0051　東京都千代田区神田神保町1-105
印刷・製本　株式会社シナノパブリッシングプレス

■内容に関するお問合せ先
「旅と鉄道」編集部　info@temjin-g.co.jp　電話03-6837-4680
■乱丁・落丁に関するお問合せ先
山と溪谷社カスタマーセンター　service@yamakei.co.jp
■書店・取次様からのご注文先
山と溪谷社受注センター　電話048-458-3455　FAX048-421-0513
■書店・取次様からのご注文以外のお問合せ先
eigyo@yamakei.co.jp

Printed in Japan
ISBN978-4-635-82528-3